Die Methode der Alpha-Gleichungen zur Berechnung von Rahmenkonstruktionen

Von

Axel Bendixsen
Ingenieur der Burgerlijke Openbare Werken
in Niederländisch-Indien

Mit 31 Textfiguren

Springer-Verlag Berlin Heidelberg GmbH 1914

ISBN 978-3-662-24042-7   ISBN 978-3-662-26154-5 (eBook)
DOI 10.1007/978-3-662-26154-5

Vorwort.

Hand in Hand mit der großartigen Entwickelung der Eisenindustrie und des Eisenhochbaues in den letzten Dezennien des vorigen Jahrhunderts entwickelte die Statik der Baukonstruktionen sich zu ihrem jetzigen hohen Stand. Es spricht von selbst, daß hierbei in der Hauptsache die für den Eisenbau eigentümlichen Konstruktionsformen, das statisch bestimmte oder unbestimmte Fachwerk, der Gegenstand der Untersuchung wurden.

Mit dem Eisenbeton haben sich andere, diesem Baumaterial besser entsprechende Konstruktionsformen eingebürgert, welche im allgemeinen als Rahmenkonstruktionen bezeichnet werden.

Der Unterschied zwischen Fachwerk und Rahmen kann wohl am besten dadurch gekennzeichnet werden, daß bei dem ersteren die Verbindung der Stäbe mittels friktionsloser Gelenke geschieht oder ohne Störung der Stabilität der Konstruktion geschehen kann, während bei den Rahmen eine steife Verbindung der Stäbe wenigstens in einzelnen Punkten erforderlich ist, um die Stabilität zu sichern.

Fragt man sich nun aber, ob die Theorie der statisch nicht bestimmten Konstruktionen uns das nötige Rüstzeug für die Berechnung der Rahmen liefert, so muß diese Frage, wenn man sich auf den Standpunkt des entwerfenden Konstrukteurs stellt, sicher verneint werden.

Die Theorie der statisch nicht bestimmten Systeme ist wohl nicht an bestimmte Konstruktionsformen gebunden, so daß theoretisch nichts im Wege steht, sie auch auf die Berechnung von Rahmen in Anwendung zu bringen; jedoch ein jeder wird zugeben, daß die Verwendung dieser Theorie selbst bei kleiner Anzahl statisch nicht bestimmter Größen außerordentlich weitläufig ist, geschweige denn bei einem Grade der Unbestimmtheit, welcher gewöhnlich bei Rahmenkonstruktionen vorkommt.

So wertvolle Dienste uns diese Theorie bei der Berechnung wenigfach statisch unbestimmter Fachwerke zu leisten vermag, ebenso wenig Nutzen können wir aus ihr ziehen, wenn es sich um die Berechnung einer vielfach statisch unbestimmten Rahmenkonstruktion handelt; denn für den Konstrukteur ist selbst die schönste Theorie vollkommen wertlos, wenn die praktische Durchführung ein Übermaß an Rechen- und Gedankenarbeit fordert.

Wir sehen deshalb auch stets Berechnungen dieser Art unter mehr oder weniger zutreffenden Annahmen durchgeführt, welche dazu dienen sollen, den Grad der statischen Bestimmtheit herabzusetzen, um eine Berechnung zu ermöglichen.

So wird, um bloß ein Beispiel zu nennen, bei der Berechnung der Eisenbetonträger des Hochbaues gewöhnlich die Verbindung zwischen Träger und Stützen als gelenkartig betrachtet, während diese Verbindung in der Regel steif ist.

Daß auf diese Weise ein unrichtiges Bild der tatsächlich auftretenden Verhältnisse gewonnen wird, welches wiederum eine unrichtige Materialverteilung bedingt, liegt auf der Hand.

Um bei dem erwähnten Beispiele zu bleiben, findet man hierfür den besten Beweis in den rezenten Versuchen des Österreichischen Eisenbetonausschusses zur Nachforschung der Wirkung des Widerlagers.

Aus dem unlängst in der Zeitschrift des Österr. Ingenieur- und Architekten-Vereines durch Dr.-Ing. Fritz v. Emperger erstatteten Berichte mögen, um die Bedeutung der Sache zu zeigen, folgende Sätze hier wiederholt werden:

„Die Versuche haben gezeigt, wie empfindlich selbst ein steifes Widerlager gegen die Einspannmomente des Balkens ist, und in welchem Maße es mitarbeitet. Es kann uns daher nicht erspart bleiben, diese Mitwirkung der Widerlager auch theoretisch festzulegen und berücksichtigen, und es scheint durch diese Versuche erwiesen, daß man diesen Zusammenhang nicht so leicht vernachlässigen kann. Es liegen diesbezüglich bereits eine Reihe ausgezeichneter theoretischer Arbeiten vor, die zunächst durch die Kompliziertheit des aufgewendeten Rechenapparates abschreckend gewirkt haben."

Und an späterer Stelle:

„Aus den vorliegenden Versuchen haben Sie ersehen, daß wir eine ganze Reihe von Vorurteilen, die wir aus dem Eisenbau übernommen haben, im Eisenbeton über Bord werfen und zum Zwecke der Erhöhung der Tragfähigkeit des Eisenbetonbalkens an die Ausbildung der Widerlager als tragende Wände denken müssen, wie wir es bisher nicht gewohnt waren zu tun. Daß diese Behandlung unserer Bauten als Stockwerkrahmen mehr Mühe und Aufwand an Zeit erfordert wie die heutige Auffassung . . . ., ist unvermeidlich, aber ebenso einleuchtend, daß diese Mühe belohnt wird durch die ökonomische und fachlich richtige Ausbildung der Tragkonstruktion."

Aus diesen Ausführungen geht mit hinreichender Deutlichkeit hervor, welches Interesse der Frage einer zweckmäßigen Methode zur Berechnung von Rahmenkonstruktionen zukommt.

Das Fehlen einer solchen Methode muß als eine große Lücke der technischen Statik bezeichnet werden, eine Lücke, welche nicht durch

Arbeiten, die durch die Kompliziertheit des aufgewendeten Rechenapparates abschrecken, ausgefüllt werden kann.

Mit der in diesem Büchlein dargestellten Berechnungsweise hoffe ich dagegen in wesentlichem Maße dazu beigetragen zu haben, dem ersehnten Ziel einer einfachen Behandlung der Rahmenkonstruktionen näherzukommen.

Die Vereinfachung der Berechnung wird erreicht durch Einführung der Winkeldrehungen der in dem Knotenpunkte an die Stabachsen gelegten Tangente als Unbekannte.

Die Einführung dieser Werte als Unbekannte ist an und für sich nicht neu, vielmehr kann man aus der Statik viele Beispiele dieser Art anführen (wovon das vornehmste die Clayperonschen Gleichungen).

Es handelt sich aber stets um die Berechnung von Konstruktionen, welche, mit der an späterer Stelle definierten Ausdrucksweise, keine Bewegungsmöglichkeiten besitzen. Eine allgemeine für jede beliebige Konstruktion brauchbare Methode gab es bisher nicht.

Ich hoffe deshalb, daß diese kleine Arbeit für viele einerseits ein wertvolles Hilfsmittel werden wird, andererseits, daß sie eine Anregung sein muß, um die angegebene Richtung weiter zu verfolgen.

Weltevreden, im Mai 1914.

Axel Bendixsen.

Inhaltsverzeichnis.

Abschnitt I.

Systeme, welche nur geradlinige Stäbe enthalten.

1. Die α-Werte. Eine Verbindung zwischen zwei oder mehreren Stäben in einem Knoten wird als starr oder vollständig steif bezeichnet, wenn bei einer Deformation die Winkel zwischen den an die Stabachsen in dem Knotenpunkte gelegten Tangenten ihre ursprünglichen Werte nicht ändern. Bei jeder Deformation eines Stabgebildes mit steifen Knotenpunktsverbindungen müssen demnach sämtliche Tangenten der in einem Knoten sich treffenden Stäbe sich um einen und denselben Winkel drehen. Dieser Winkel oder ein passend gewähltes Vielfaches davon wird der α-Wert des Knotenpunktes genannt.

Jeder Stab eines Stabgebildes ist als in den beiden Endpunkten teilweise eingespannt zu betrachten. Der Grad der Einspannung ist abhängig von der Größe der Winkel, welche die an die Endpunkte der elastischen Linie gelegten Tangenten mit der Verbindungslinie der Endpunkte einschließen. Sind diese Winkel bekannt, ist auch die Verteilung der Momente und Querkräfte bekannt.

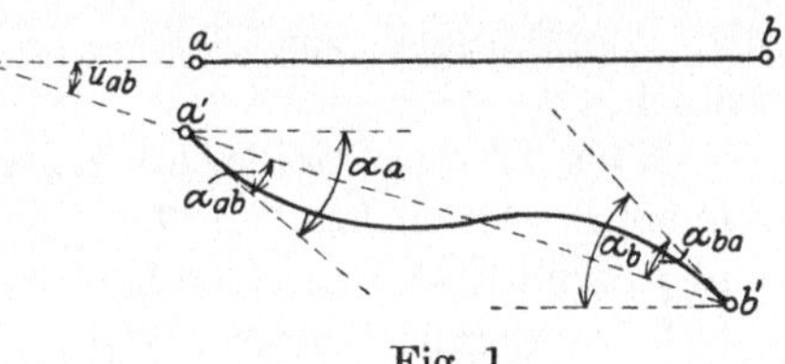

Fig. 1.

Wir betrachten nun einen Stab a b (Fig. 1), welcher aus irgendeinem Stabgebilde herausgeschnitten sein möge. Genanntes Stabgebilde sei irgendwie belastet, wobei eine Deformation eintritt, welche eine Verschiebung des Knotens a nach a′, des Knotens b nach b′ zur Folge hat. Die Verbindungslinie a′b′ schließt mit der ursprünglichen Lage a b den Winkel u_{ab} ein, während die Endtangenten der elastischen Linie mit der Verbindungslinie a′b′ die Winkel α_{ab} bzw. α_{ba} bilden. Werden nun die stattgefundenen Drehungen der Endtangenten also die α-Werte, mit bzw. α_a und α_b bezeichnet, bestehen ersichtlich die Beziehungen:

$$\alpha_a = \alpha_{ab} + u_{ab}; \quad \alpha_b = \alpha_{ba} + u_{ab} \tag{1}$$

Um demnach die Momente und Querkräfte eines Stabes a b zu bestimmen, müssen die drei Größen: α_a, α_b und u_{ab}, d. h. die Winkeldrehungen der beiden Endknoten und die Winkeldrehung der Knotenpunktsverbindungslinie bekannt sein.

Bei der in der Folge entwickelten Berechnungsweise sind diese Winkeldrehungen als statisch nicht bestimmte Größen gewählt. Es wird gezeigt, daß die α-Werte unter einander durch ein System von Gleichungen verbunden sind, welche wir kurzweg mit dem Namen α-Gleichungen bezeichnen werden. Für jeden Knotenpunkt des Systems läßt sich eine α-Gleichung aufschreiben, welche als Unbekannte nur den α-Wert des betreffenden Knotens und die α-Werte der mit diesem verbundenen Knoten enthält.

Es werden nun die Ursachen, welche Winkeldrehungen der Knoten zur Folge haben, jede für sich behandelt. Die Ursachen sind:

a) Die Belastung des Stabgebildes unter der Annahme, daß die gegenseitige Lage der Knotenpunkte bei der Deformation ungeändert bleibt.

b) Die Verrückungen der Knotenpunkte.

c) Die Temperaturvariation.

Wir werden die in jedem Falle gefundenen α-Werte bzw. als α-Werte der Belastung, α-Werte der Verschiebung und α-Werte der Temperaturvariation bezeichnen.

Die unter b genannten α-Werte lassen sich erst berechnen, wenn die Winkeldrehungen u der Stäbe ermittelt sind. Es soll gezeigt werden, daß diese Winkeldrehungen und somit auch die α-Werte der Verschiebung Funktionen ersten Grades gewisser Verrückungen x sind, und Gleichungen zur Berechnung dieser Größen sollen aufgestellt werden.

Nach Lösung der Gleichungen und Berechnung der α und u hat man die nötige Grundlage für die Bestimmung der Momente, Querkräfte und Normalkräfte der einzelnen Stäbe geschaffen.

2. Grundgleichungen. Wir beginnen zunächst damit, einige Gleichungen abzuleiten, welche als Grundlage der späteren Untersuchungen dienen sollen.

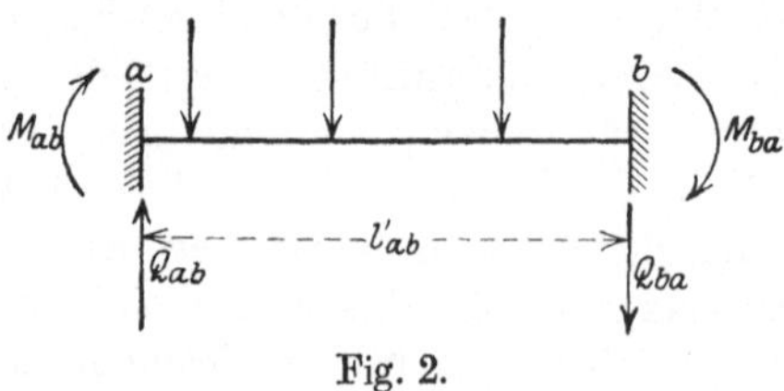

Fig. 2.

Der Stab a—b, dessen Länge wir mit l'_{ab} bezeichnen (Fig. 2), möge in den Endpunkten a und b eingespannt sein. Auf dem Stabe greift irgendeine Belastung an, wobei die an die Endpunkte a und b der Stabachse gelegten Tangenten sich um die Winkel α'_{ab} und α'_{ba} drehen.

Die hierbei entstehenden Auflagerkräfte bezeichnen wir wie folgt:

Im Punkte a das Moment M_{ab} und der Auflagerdruck Q_{ab}.

Im Punkte b das Moment M_{ba} und der Auflagerdruck Q_{ba}.

Die positiven Richtungen dieser Kräfte, welche in Fig. 2 durch Pfeile angegeben wurden, haben wir, um größere Einheitlichkeit zu erstreben, etwas anders festgelegt, wie dies gewöhnlich geschieht. Bei der von uns gemachten Wahl ist es nämlich gleichgültig, ob der Stab senkrecht oder wagerecht ist und welchen Endpunkt man bei Betrachtung des Stabes auf der rechten Hand hat.

Sodann setzen wir fest:

Die Drehungen α'_{ab} und α'_{ba} werden positiv gerechnet, wenn sie im Sinne des Uhrzeigers erfolgen.

Die Momente M_{ab} und M_{ba} werden positiv gerechnet, wenn sie im Sinne des Uhrzeigers drehen.

Die Auflagerdrücke Q_{ab} und Q_{ba} werden positiv gerechnet, wenn sie den betrachteten Stab im Sinne des Uhrzeigers drehen.

Ferner soll unter der linken bzw. rechten Seite eines Stabes diejenige Seite verstanden werden, welche man, wenn man sich vom erstgenannten bis zum letztgenannten Endpunkte des Stabes bewegt, auf der linken bzw. rechten Hand hat.

Ist beispielsweise die Belastung des Stabes a b in Fig. 2 eine von oben nach unten, also linksseitig, wirkende gleichmäßig verteilte Belastung von der Größe p per m und sind α'_{ab} und α'_{ba} gleich Null (vollständige Einspannung), entsteht:

$$M_{ab} = -\frac{1}{12}\cdot p\cdot l'^{2}_{ab}; \quad M_{ba} = +\frac{1}{12}\cdot p\cdot l'^{2}_{ab};$$

$$Q_{ab} = +\frac{1}{2}\cdot p\cdot l'_{ab}; \quad Q_{ba} = -\frac{1}{2}\cdot p\cdot l'_{ab}.$$

Das Trägheitsmoment des Stabquerschnittes möge über die ganze Länge des Stabes konstant angenommen werden und wird mit J_{ab} bezeichnet. Wird ferner mit F_{ab} und F_{ba} die durch die „einfache" Momentenkurve als Belastung eines einfach unterstützten Balkens von der Länge l'_{ab} erzeugten Auflagerdrücke, welche in demselben Sinne wie die Kräfte Q_{ab} und Q_{ba} positiv gerechnet werden, bezeichnet, bestehen bekanntlich zwischen den Drehungen α'_{ab} und α'_{ba} und den Momenten die Beziehungen (vgl. Müller-Breslau: Statik II, Abt. II, Seite 28):

$$6\,E\,J_{ab}\cdot \alpha'_{ab} = (2\,M_{ab} - M_{ba})\,l'_{ab} + 6\,F_{ab},$$

$$6\,E\,J_{ab}\cdot \alpha'_{ba} = (-M_{ab} + 2\cdot M_{ba})\cdot l'_{ab} + 6\,F_{ba}.$$

Der Einfluß der Schubkräfte auf die Deformation der Stabachse ist als geringfügig vernachlässigt und die Temperatur konstant angenommen.

Zur Abkürzung wird gesetzt:

$$6\,E\,J_0\cdot \alpha'_{ab} = \alpha_{ab},$$

$$6\,E\,J_0\cdot \alpha'_{ba} = \alpha_{ba}$$

und

$$\frac{J_0}{J_{ab}} \cdot l'_{ab} = l_{ab},$$

wobei J_0 eine passend gewählte, konstante Größe bezeichnet.

Hierdurch gehen die Gleichungen über in (wenn $\dfrac{1}{l_{ab}} = k_{ab}$, $\dfrac{1}{l'_{ab}} = k'_{ab}$ gesetzt wird)

$$k_{ab} \cdot \alpha_{ab} = 2 \cdot M_{ab} - M_{ba} + 6 \cdot k'_{ab} \cdot F_{ab},$$
$$k_{ab} \cdot \alpha_{ba} = 2 \cdot M_{ba} - M_{ab} + 6 \cdot k'_{ab} \cdot F_{ba}.$$

Lösen wir diese Gleichungen nach M_{ab} und M_{ba} auf, erhalten wir:

$$3\,M_{ab} = k_{ab}\,(2 \cdot \alpha_{ab} + \alpha_{ba}) - 6 \cdot k'_{ab}\,(2\,F_{ab} + F_{ba}),$$
$$3\,M_{ba} = k_{ab}\,(\alpha_{ab} + 2 \cdot \alpha_{ba}) - 6 \cdot k'_{ab}\,(F_{ab} + 2 \cdot F_{ba}).$$

Werden die speziellen Werte der Auflagermomente M_{ab} und M_{ba} bei vollständiger Einspannung ($\alpha_{ab} = \alpha_{ba} = 0$) gleich M^0_{ab} bzw. M^0_{ba} bezeichnet, können die Gleichungen kürzer geschrieben werden

$$3\,M_{ab} = 3\,M^0_{ab} + k_{ab}\,(2 \cdot \alpha_{ab} + \alpha_{ba})$$
$$3\,M_{ba} = 3\,M^0_{ba} + k_{ab}\,(\alpha_{ab} + 2 \cdot \alpha_{ba}) \tag{2}$$

Die Auflagerdrücke sind bekanntlich

$$Q_{ab} = -\,k'_{ab}\,(M_{ab} + M_{ba}) + A_{ab}$$
$$Q_{ba} = -\,k'_{ba}\,(M_{ab} + M_{ba}) + A_{ba}.$$

wobei A_{ab} und A_{ba} die Auflagerdrücke bei einfacher Unterstützung des Balkens bezeichnen. Führen wir hierin die obigen Ausdrücke für M_{ab} und M_{ba} ein, gehen die Gleichungen über in:

$$Q_{ab} = -\,k_{ab} \cdot k'_{ab}\,(\alpha_{ab} + \alpha_{ba}) + A_{ab} - k'_{ab}\,(M^0_{ab} + M^0_{ba})$$
$$Q_{ba} = -\,k_{ab} \cdot k'_{ab}\,(\alpha_{ab} + \alpha_{ba}) + A_{ba} - k'_{ab}\,(M^0_{ab} + M^0_{ba}).$$

Bezeichnen wir ähnlich wie vorhin die speziellen Werte der Auflagerdrücke bei vollständiger Einspannung mit Q^0_{ab} und Q^0_{ba}, setzen demnach

$$Q^0_{ab} = A_{ab} - k'_{ab}\,(M^0_{ab} + M^0_{ba})$$
$$Q^0_{ba} = A_{ba} - k'_{ab}\,(M^0_{ab} + M^0_{ba}),$$

erhalten wir endlich die Gleichungen:

$$Q_{ab} = Q^0_{ab} - k_{ab} \cdot k'_{ab}\,(\alpha_{ab} + \alpha_{ba})$$
$$Q_{ba} = Q^0_{ba} - k_{ab} \cdot k'_{ab}\,(\alpha_{ab} + \alpha_{ba}). \tag{3}$$

3. Ableitung der α-Gleichungen der Belastung. Nach der unter 1 gegebenen Definition sind die α-Werte der Belastung diejenigen speziellen Werte der Knotenpunktsdrehungen, welche infolge der Belastung des

Stabgebildes entstehen würden, falls die gegenseitige Lage der Knotenpunkte bei der Deformation ungeändert bliebe.

Da nun im allgemeinen sich die Knoten gegeneinander verschieben, sind wir, um dies zu verhindern, genötigt, an den Knoten gewisse Kräfte angreifen zu lassen, welche eben im Stande sind, die Knoten auf ihrem ursprünglichen Platze zu halten. Die erforderliche Anzahl, die Größe und Richtungen dieser zusätzlichen Kräfte sollen an späterer Stelle angegeben werden. Hier setzten wir vorläufig diese Belastung, welche wir kurz die P-Belastung nennen, als bekannt voraus.

Wir betrachten nun den Knoten a (Fig. 3), von welchem die Stäbe ab, ac, ad usw. nach den Knoten b, c, d..... gehen mögen.

Die Stäbe seien in a vollständig steif miteinander verbunden. Nehmen wir nun an, daß außer der wirklich vorhandenen Belastung auch die P-Belastung aufgebracht wurde, so bleiben die Knotenpunkte bei

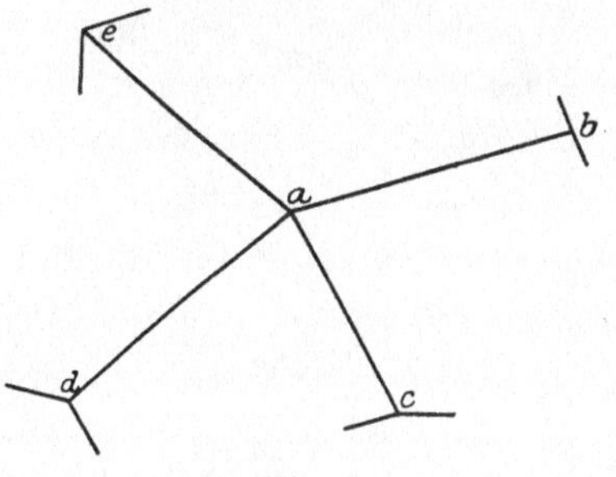

Fig. 3.

der Deformation in ihrer Lage und somit auch die Verbindungslinien zwischen diesen. Es sind dann sämtliche Winkel u_{ab}, u_{ac} usw. gleich Null und demnach nach Gleichung (1)

$$\alpha_a = \alpha_{ab} = \alpha_{ac} = \alpha_{ad} \text{ usw.}$$

$$\alpha_b = \alpha_{ba}, \quad \alpha_c = \alpha_{ca} \ldots$$

Die Gleichungen (2) und (3) gehen demnach über in

$$3\,M_{ab} = 3\,M_{ab}^0 + k_{ab}\,(2 \cdot \alpha_a + \alpha_b)$$
$$3\,M_{ba} = 3\,M_{ba}^0 + k_{ab}\,(\alpha_a + 2 \cdot \alpha_b) \tag{2a}$$

und

$$Q_{ab} = Q_{ab}^0 - k_{ab} \cdot k'_{ab}\,(\alpha_a + \alpha_b)$$
$$Q_{ba} = Q_{ba}^0 - k_{ab} \cdot k'_{ab}\,(\alpha_a + \alpha_b) \tag{3a}$$

Wir schneiden nun sämtliche Stäbe in unendlich kleiner Entfernung von a durch, fügen die in den Schnitten wirkenden inneren Kräfte als äußere Kräfte hinzu und stellen die statischen Gleichgewichtsbedingungen dieser Kräfte auf.

Diese Kräfte (in Fig. 4 der Deutlichkeit wegen in einiger Entfernung von a gezeichnet) sind gleich groß aber entgegengesetzt gerichtet den die Stäbe angreifenden Auflagerkräften M_{ab} bis M_{ae} und Q_{ab} bis Q_{ae}. Ferner können eventuelle Normalkräfte auftreten, welche mit S_{ab}, S_{ae} usw. bezeichnet werden mögen. Diese Kräfte rechnen wir positiv, wenn sie Zugspannungen erzeugen. Endlich greife in a noch eine Kraft der Belastung P an.

Die Gleichgewichtsbedingungen, welche durch Projektion der Kräfte auf zwei Achsen gewonnen werden, sagen aus, daß zwischen den Kräften S, Q und P Gleichgewicht bestehen muß.

Wir werden weiterhin auf diese Gleichgewichtsbedingungen zurückkommen; vorläufig interessiert uns nur die dritte Bedingung, welche aussagt, daß die Summe der Momente gleich Null sein muß. Diese Bedingung lautet in analytischer Schreibweise

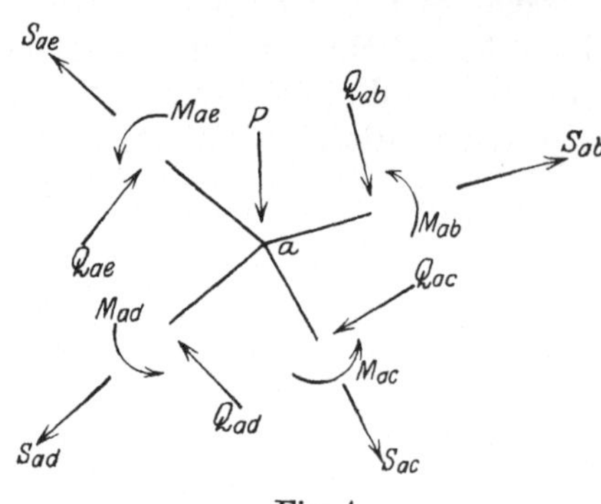
Fig. 4.

$$\mathrm{M_{ab} + M_{ac} + M_{ad} + \dots M_{ae}}$$
$$= 0 .$$

Für jedes Moment läßt sich eine Gleichung nach Art der Gleichungen (2a) aufstellen.

Durch Summation dieser Gleichungen erhält man

$$2 \cdot \alpha_a \left[\mathrm{k_{ab} + k_{ac} + \dots} \right] + \mathrm{k_{ab}} \cdot \alpha_b + \mathrm{k_{ac}} \cdot \alpha_c + \dots = - 3 \, \Sigma \, \mathrm{M}_{aq}^{0} ,$$

wobei die Summation auf der rechten Seite über sämtliche von a ausgehenden Stäbe zu erstrecken ist.

Wir setzen zur Abkürzung

$$\varkappa_a' = 2 \left[\mathrm{k_{ab} + k_{ac} + \dots k_{ae}} \right],$$

wodurch die Gleichung übergeht in:

$$\varkappa_a' \cdot \alpha_a + \mathrm{k_{ab}} \cdot \alpha_b + \mathrm{k_{ac}} \cdot \alpha_c + \dots \mathrm{k_{ae}} \cdot \alpha_e = - 3 \, \Sigma \, \mathrm{M}_{aq}^{0} \qquad (4)$$

(Durch q wird ein beliebiger der Knoten b bis e bezeichnet.)

Eine Gleichung dieser Art läßt sich für jeden Knoten des Systems aufstellen.

Hierbei wurde angenommen, daß jedem Knoten ein α-Wert beigemessen wird, also auch den Auflagerknoten. Es muß deshalb untersucht werden, welchen Bedingungen die α-Werte der Auflagerknoten unterworfen sind, wobei drei verschiedene Arten von Auflagerung in Betracht gezogen werden sollen, und zwar:

a) Die vollständig feste Einspannung.
b) Die gelenkartige, feste Auflagerung.
c) Die gelenkartige, freie Auflagerung.

In Fig. 5 sind die verschiedenen Arten von Auflagerung zur Darstellung gebracht.

Bei vollständig fester Einspannung des Stabes a p im Punkte p ist nach Definition

$$\alpha_\mathrm{p} = 0 \qquad\qquad (5)$$

Bei gelenkartiger fester Auflagerung des Stabes a g im Punkte g ist das Moment M_{ga} gleich Null. Durch diese Bedingung finden wir mit Hilfe der Gleichungen (2)

$$0 = 3\,M^0_{ga} + k_{ag}(\alpha_a + 2 \cdot \alpha_g)$$

oder

$$k_{ag} \cdot \alpha_g = -\,1{,}5\,M^0_{ga} - 0{,}5 \cdot k_{ag} \cdot \alpha_a \tag{6}$$

Bei gelenkartiger, freier Auflagerung unterscheiden wir zwei verschiedene Fälle, je nachdem der Auflagerpunkt auf eine senkrecht auf der Stabachse stehenden Bahn, so als in der Fig. 5 dargestellt ist, geführt wird, oder diese Bahn mit der Richtung der Stabachse einen spitzen oder stumpfen Winkel einschließt.

Im ersten Falle wirkt der Stab als Kragarm und das Moment M_{am} ist eine bekannte Größe.

Im zweiten Falle fügen wir im Auflagerpunkte eine in der Richtung der Bahntangente wirkende Zusatzkraft bei,

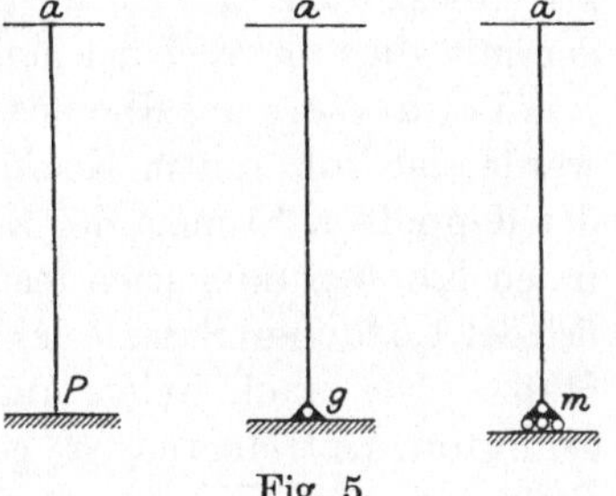

Fig. 5.

deren Größe so bemessen wird, daß eine Verschiebung des Auflagerpunktes verhindert wird. Die Auflagerung ist dann als eine feste, gelenkartige zu betrachten und gehört als solche unter Fall b.

Aus den Gleichungen (4) lassen sich nun mit Hilfe der Gleichungen (5) und (6) die α-Werte der Auflagerknoten eliminieren. Geschieht dies, enthalten jene Gleichungen nunmehr als Unbekannte nur die α-Werte der „freien" Knoten, und das Aufschreiben erstreckt sich nur über diese.

Gehen nun von einem Knoten a die Stäbe a b, a c bis a e nach anderen Knoten, die Stäbe $a\,p_1$, $a\,p_2$ usw. nach den festen Einspannungen $p_1, p_2 \ldots\ldots p_n$, die Stäbe $a\,g_1$, $a\,g_2 \ldots\ldots a\,g_u$ nach den festen oder auf schiefer Bahn geführten Gelenken g_1, $g_2 \ldots\ldots$, die Stäbe $a\,m_1$, $a\,m_2$ bis $a\,m_r$ nach den freien Auflagerungen m_1 bis m_r, so schreibt sich die Gleichung (4) für diesen Knoten nach Elimination der α_{p_1}, $\alpha_{p_2} \ldots\ldots$, α_{g_1}, $\alpha_{g_2} \ldots\ldots$, indem mit q ein beliebiger der Knoten b bis e bezeichnet wird:

$$2 \cdot \alpha_a \cdot \sum_b^e k_{aq} + 2 \cdot \alpha_a \cdot \sum_1^n k_{ap} + 1{,}5 \cdot \alpha_a \cdot \sum_1^u k_{ag}$$

$$+\, k_{ab} \cdot \alpha_b + \ldots\ldots k_{ae} \cdot \alpha_e = -\,3 \sum_b^e M^0_{aq} - 3 \sum_1^n M^0_{ap} - 3 \sum_1^u M^0_{ag}$$

$$-\,3 \sum_1^r M_{am} + 1{,}5 \sum_1^u M^0_{ga}\,.$$

Schreiben wir nun zur Abkürzung:

$$\varkappa_a = 2\,(k_{ab} + k_{ac} + \ldots k_{ae} + k_{ap_1} + k_{ap_2} + \ldots k_{ap_n})$$
$$+ 1{,}5\,(k_{ag_1} + k_{ag_2} + \ldots k_{agu})$$

und setzen wir den Ausdruck auf der rechten Seite gleich N_a, so erhalten wir die Gleichung.

$$\varkappa_a \cdot \alpha_a + k_{ab} \cdot \alpha_b + k_{ac} \cdot \alpha_c + \ldots k_{ae} \cdot \alpha_e = N_a \qquad (7)$$

Diese Gleichung und die analogen Gleichungen sind die gesuchten α-Gleichungen der Belastung. Wie man sieht, enthalten die Gleichungen als unbekannte Größen die α-Werte des entsprechenden Knotens und der mit diesem verbundenen freien Knoten.

Der α-Wert des Knotens, für welchen eine Gleichung aufgeschrieben wurde, ist mit einem Koeffizienten $\varkappa$ multipliziert, welcher gleich ist der doppelten Summe der k-Werte der von dem Knoten nach andern freien Knoten oder nach festen Einspannungen gehenden Stäbe zuzüglich der 1,5fachen Summe der k-Werte der nach festen Gelenken gehenden Stäbe. Die nach freien, auf senkrecht zur Stabachse stehender Bahn geführten, Auflagerungen gehenden Stäbe liefern dagegen keinen Beitrag zu den Koeffizienten $\varkappa$.

Die α-Werte der mit dem Knoten verbundenen freien Knoten sind einfach mit den k-Werten der entsprechenden Verbindungsstäbe multipliziert.

Der N-Wert auf der rechten Seite ist ein ausschließlich von der Belastung abhängiger Wert. Er ist gleich der 3fachen Summe der M^0-Momente sämtlicher nach anderen Knoten, nach Einspannungen und nach festen Gelenken gehenden Stäbe, mit negativem Vorzeichen genommen, plus der 3fachen Summe der Kragarmmomente der frei aufgelagerten Stäbe, ebenfalls negativ genommen, plus der 1,5fachen Summe der M^0-Momente der Gelenkknoten.

Um die Ermittlung der M^0-Momente zu erleichtern, sind im Anhange Tabelle 1 die M^0-Werte einer Einzellast von der Größe 1 in den Hundertstel-Punkten der Balkenlänge angreifend angegeben. Die angegebenen Werte sind mit der Größe der Kraft und der Länge des Stabes zu multiplizieren.

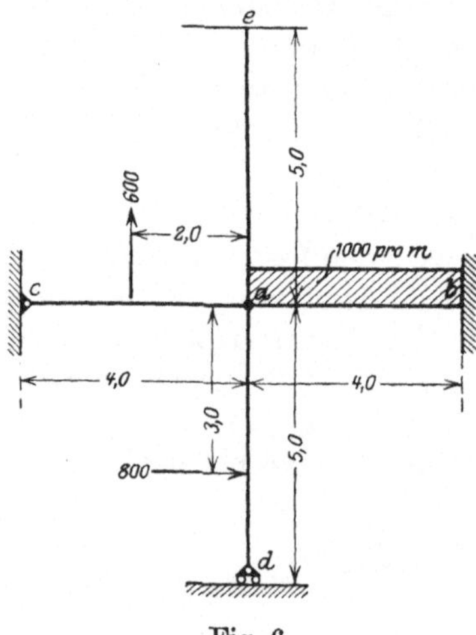

Fig. 6.

Ebenfalls kann der Einfluß einer gleichmäßig verteilten Streckenlast mit Hilfe der Tabelle 2 ermittelt werden.

Das Aufschreiben der α-Gleichungen möge noch durch ein Beispiel erläutert werden.

In der Fig. 6 ist der Knoten a durch Stäbe mit den Knoten b, c, d und e verbunden.

b ist eine feste Einspannung, c ein festes Gelenk, d eine freie Auflagerung und e ein zweiter Knotenpunkt. Die Länge in m der einzelnen Stäbe sowie Art und Größe in kg der vorhandenen Belastung geht aus der Zeichnung hervor. Die Trägheitsmomente der Stabquerschnitte sind verschieden groß, und zwar für a b und a c gleich J_0, für a e gleich $2\,J_0$.

Wir haben demnach:

$$k_{ab} = k'_{ab} = 0{,}25\,, \quad k_{ac} = k'_{ac} = 0{,}25\,,$$

$$k'_{ae} = 0{,}2\,, \quad k_{ae} = \frac{2 \cdot J_0}{J_0} \cdot k'_{ae} = 0{,}4\,,$$

also

$$\varkappa_a = 2\,[0{,}25 + 0{,}4] + 1{,}5 \cdot 0{,}25 = 1{,}675\,.$$

Es ist

$$M^0_{ab} = -\frac{1}{12} \cdot 1000 \cdot 4^2 = -1333\,,$$

$$M^0_{ac} = -\frac{1}{8} \cdot 600 \cdot 4{,}0 = -300\,, \quad M^0_{ca} = +300\,,$$

$$M_{ad} = 800 \cdot 3{,}0 = 2400\,,$$

$$N_a = -3\,[2400 - 300 - 1333] + 1{,}5 \cdot 300 = -1850\,.$$

Für den Knoten α lautet somit die α-Gleichung

$$1{,}675 \cdot \alpha_a + 0{,}4 \cdot \alpha_e = -1850\,.$$

4. Ableitung der α-Gleichungen der Verschiebung. An den Knotenpunkten des Systems mögen Kräfte angreifen, dagegen seien die Stäbe selbst unbelastet. Bei der Deformation ändert sich die gegenseitige Lage der Knotenpunkte, was eine Drehung der Knotenpunktsverbindungslinien zur Folge hat.

Wir bezeichnen die Drehungswinkel dieser Linien wie früher mit u_{ab}, u_{ae} usw. und setzen sie vorläufig als bekannt voraus.

Betrachten wir nun einen beliebigen Stab a b, so liefern die Gleichungen (2) und (3) mit Berücksichtigung der Gleichung (1).

$$3\,M_{ab} = k_{ab}\,(2\,\alpha_a + \alpha_b - 3\,u_{ab})$$
$$3\,M_{ba} = k_{ab}\,(\alpha_a + 2\,\alpha_b - 3\,u_{ab}) \tag{2b}$$

und

$$Q_{ab} = -k_{ab} \cdot k'_{ab}\,(\alpha_a + \alpha_b - 2\,u_{ab})$$
$$Q_{ba} = -k_{ab} \cdot k'_{ab}\,(\alpha_a + \alpha_b - 2\,u_{ab}) \tag{3b}$$

In diesen Gleichungen bedeuten die α die speziellen Werte der Knotenpunktsdrehungen, welche infolge der Verschiebung entstehen.

In gleicher Weise wie unter 3 können wir hier durch Losschneiden der Knoten und Aufstellung der statischen Gleichgewichtsbedingungen der wirkenden Kräfte für jeden freien Knoten eine der Gleichung (7) analoge Gleichung bilden.

Vergleichen wir die Gleichungen (2 a) und (2 b), so sehen wir, daß in der Entwicklung unter 3. bloß an Stelle von M_{ab}^0 und M_{ba}^0 zu schreiben ist: $- k_{ab} \cdot u_{ab}$.

Wir erhalten demnach die Gleichung

$$\varkappa_a \cdot \alpha_a + k_{ab} \cdot \alpha_b + k_{ac} \cdot \alpha_c + \ldots k_{ae} \cdot \alpha_e = N_{au} \qquad (8)$$

wo

$$N_{au} = 3 \sum_b^e k_{aq} \cdot u_{aq} + 3 \sum_1^n k_{ap} \cdot u_{ap} + 1{,}5 \sum_1^u k_{ag} \cdot u_{ag} \qquad (8a)$$

Die erste Summation erstreckt sich über sämtliche nach anderen Knoten des Systems gehenden Stäbe, die zweite und dritte über die im anderen Endpunkte fest eingespannten bzw. gelenkartig aufgelagerten Stäbe.

Die Größe N_{au} möge kurz das Belastungsglied der Verschiebung genannt werden.

Die Gleichung (8) ist die gesuchte α-Gleichung der Verschiebung.

5. Ableitung der α-Gleichungen bei Temperaturvariation. Es sollen zwei verschiedene Arten von Temperaturvariation berücksichtigt werden, nämlich einerseits eine gleichmäßige Erwärmung oder Abkühlung der Stäbe, andererseits eine Temperaturveränderung, bei welcher die mittlere Temperatur der Stäbe ungeändert bleibt, während die linke Seite um Δt^0 höher erwärmt wird wie die rechte. Δt kann selbstverständlich für verschiedene Stäbe verschiedene Werte annehmen.

Die Behandlung der gleichmäßigen Temperaturvariation muß noch etwas zurückgestellt werden; wir werden später, wenn über die Einwirkung der Normalkräfte gesprochen wird, hierauf zurückkommen.

Die durch die ungleichmäßige Temperaturvariation erfolgten Knotenpunktsdrehungen dagegen können, allerdings unter der Annahme daß die Verschiebung der Knoten durch Aufbringung einer zusätzlichen Belastung verhindert wird, gleich hier ermittelt werden.

Die zwischen den Winkeldrehungen α_a und α_b eines Stabes ab und den Einspannmomenten geltenden Beziehungen lauten als bekannt in diesem Falle.

$$k_{ab} \cdot \alpha_a = 2\,M_{ab} - M_{ba} - 3\,\tau_{ab}$$
$$k_{ab} \cdot \alpha_b = 2\,M_{ba} - M_{ab} - 3\,\tau_{ba}$$

wobei

$$\tau_{ab} = -\,\tau_{ba} = E\,\varepsilon \cdot \frac{\Delta t}{h} \cdot J_0 \cdot$$

Es bedeutet: ε die Ausdehnungszahl und $h = \dfrac{h' \cdot J_0}{J_{ab}}$ die reduzierte Balkenhöhe, h' die Balkenhöhe.

Nach den Momenten aufgelöst liefern die obigen Gleichungen:

$$3\,M_{ab} = [2\,\alpha_a + \alpha_b] \cdot k_{ab} + 3\,\tau_{ab}$$

$$3\,M_{ba} = [2\,\alpha_b + \alpha_a] \cdot k_{ab} + 3\,\tau_{ba}\,.$$

Durch Vergleichung dieser Gleichungen mit den Gleichungen (2) sehen wir sofort, daß wir die α-Gleichungen der Temperatur aus derjenigen der Belastung erhalten, wenn in letzterer an Stelle der Momente M_{ab}^0, M_{ba}^0 usw. geschrieben wird τ_{ab} bzw. τ_{ba} ($= -\tau_{ab}$).

Es lautet demnach z. B. die α-Gleichung für den Knoten mit Index a

$$\varkappa_a \cdot \alpha_a + k_{ab} \cdot \alpha_b + k_{ac} \cdot \alpha_c + \ldots k_{ae} \cdot \alpha_e = N_{at} \qquad (9)$$

wo

$$N_{at} = -3 \sum_{b}^{e} \tau_{aq} - 3 \sum_{1}^{n} \tau_{ap} - 4{,}5 \sum_{1}^{u} \tau_{ag}\,.$$

Wie bei den übrigen α-Gleichungen erstreckt sich die erste Summation über sämtliche nach anderen Knoten gehenden Stäbe, die zweite und dritte über die im anderen Endpunkte fest eingespannten bzw. gelenkartig aufgelagerten Stäbe.

Die Größe N_{at} möge kurz das Belastungsglied der Temperatur genannt werden.

6. Die Normalkräfte und das Knotenpunktsystem. Wir haben uns in dem Vorhergehenden ausschließlich mit der Bestimmung der Momente und Querkräfte beschäftigt und die gleichzeitig auftretenden Normalkräfte außer acht gelassen.

Zur Bestimmung dieser Kräfte stehen uns die unter 3. genannten Gleichgewichtsbedingungen, welche aussagen, daß in jedem Knotenpunkte zwischen den Kräften P, Q und S Gleichgewicht bestehen muß, zur Verfügung.

Es bedeuten S die Normalkräfte der Stäbe, Q die Kräfte, welche gleich groß, aber entgegengesetzt gerichtet den Auflagerkräften sind (zur Unterscheidung von diesen mögen sie in der Folge die Querkräfte genannt werden), und endlich P diejenigen zusätzlichen Kräfte, welche die Knotenpunktsverschiebung verhindern müssen.

Bevor wir aber jene Gleichgewichtsbedingungen zur Ermittlung der Kräfte S und P benutzen können, müssen wir einige Betrachtungen anstellen, um über die erforderliche Anzahl der Kräfte P Aufschluß zu gewinnen.

Wir führen zu diesem Zwecke den Begriff des Knotenpunktsystems oder der Knotenpunktfigur ein.

Unter dem irgendeinem vorliegenden Stabsysteme entsprechenden Knotenpunktsystem verstehen wir ein zweites mit dem ersteren kongruentes Stabgebilde, dessen Stäbe in den Knoten gelenkartig verbunden sind.

Je nach Art des Stabsystemes kann das Knotenpunktsystem beweglich oder unbeweglich sein und in letzterem Falle statisch bestimmt oder statisch unbestimmt sein.

In den meisten Fällen wird man es mit einer beweglichen Knotenpunktsfigur zu tun haben. In diesem Falle können wir durch Hinzufügen einer gewissen Anzahl Stäbe, welche nach außerhalb des Systemes liegenden festen Gelenken führen oder auch zwei Punkte des Systems unter einander verbinden, die bewegliche Figur in ein unbewegliches, statisch bestimmtes Gebilde umwandeln.

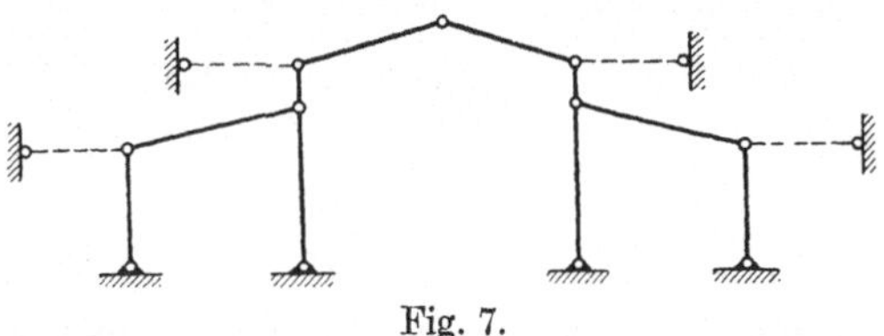

Fig. 7.

Z. B. bedarf es bei einem mehrstieligen Rahmen des Hinzufügens eines Stabes, bei der in Fig. 7 gezeigten Knotenpunktfigur des Hinzufügens von 4 Stäben, um die statische Bestimmtheit zu erreichen.

Die Anzahl der erforderlichen Stäbe ergibt sich aus der bekannten Bedingung für statische Bestimmtheit, welche lautet:

$$s + u = 2\,k,$$

wo s die Anzahl der Stäbe, u der Auflagerbedingungen und k der Knoten bedeutet. In dem zuletzt genannten Beispiele haben wir u = 8, k = 11; demnach muß sein

$$s = 22 - 8 = 14.$$

Vorhanden sind aber nur 10 Stäbe, es fehlen also, wie bereits oben erwähnt, 4 Stäbe.

Die fehlenden Stäbe können im allgemeinen in verschiedener Weise hinzugefügt werden — in Fig. 7 z. B. wie durch punktierte Striche angedeutet —, erforderlich ist nur, daß wirklich ein statisch bestimmtes Gebilde entsteht.

Wie man sich hiervon überzeugt, ist aus der Lehre des Fachwerkes genugsam bekannt und bedarf hier keiner weiteren Erörterung.

Je nach der erforderlichen Anzahl der Zusatzstäbe sprechen wir von Systemen mit einfacher, zweifacher usw. Bewegungsmöglichkeit.

Bei der statischen Berechnung von Rahmenkonstruktionen wird gewöhnlich die Voraussetzung gemacht, daß der Einfluß der Normalkräfte auf die Deformation des Stabgebildes verschwindend ist im Verhältnis zu demjenigen der Momente.

Diese Voraussetzung soll auch hier gemacht werden, jedoch werden wir an späterer Stelle zeigen, wie man diesen Einfluß berücksichtigen kann, sowohl genau wie angenährt.

Wir machen also diese Voraussetzung nicht etwa notgezwungen, sondern nur, weil die durch Berücksichtigung jenes Einflusses erreichte größere Genauigkeit zu gering erscheint, um die vermehrte Rechenarbeit zu rechtfertigen.

Um dies etwas deutlicher zu erkennen, machen wir darauf aufmerksam, daß die genannte Voraussetzung genau dieselbe ist wie die Annahme von friktionslosen Gelenken bei der Berechnung von Fachwerkkonstruktionen. In diesen treten auch eben durch Verlängerung bzw. Verkürzung der Stäbe Nebenspannungen auf, welche demnach auch nur dann vernachlässigt werden dürfen, wenn der Einfluß der Normalkräfte auf die Deformation, d. h. die Längenänderungen der Stäbe, geringfügig ist.

Diese Vernachlässigung des Einflusses der Normalkräfte auf die Deformation ist demnach hier ebenso gerechtfertigt wie bei der Berechnung der Fachwerke, ja eigentlich noch mehr. Bei einem nur auf Zug oder Druck beanspruchten Stabe wird nämlich ein kleines Biegungsmoment den Spannungszustand in wesentlich höherem Grade beeinflussen können als bei einem schon auf Biegung beanspruchten.

Auch durch die Verbiegung einer Stange erfolgt eine Längenänderung (Verkürzung) der Verbindungslinie der beiden Endpunkte. Diese Verkürzung ist aber unendlich klein höherer Ordnung im Verhältnis zu den Ordinaten der Biegungslinie und deshalb ebenfalls zu vernachlässigen.

Wir können also unter der gemachten Voraussetzung den Satz aussprechen:

Bei der Deformation des Stabgebildes behalten die Stabachsen ihre ursprünglichen Längen bei.

Aus diesem Satze erfolgt nun sofort, daß bei Stabsystemen, deren Knotenpunktsfigur keine Bewegungsmöglichkeit besitzt, die ursprüngliche Lage der Knoten bei der Deformation nicht geändert wird, daß also in diesem Falle das System ein solches mit unverrückbaren Knoten ist.

Bei Systemen dagegen, deren Knotenpunktsfigur einfache Bewegungsmöglichkeit besitzt, bedarf es des Hinzufügens eines Stabes, um die Knoten unverrückbar zu machen.

Im allgemeinen bedarf es bei Systemen mit n-facher Bewegungsmöglichkeit des Hinzufügens von n Stäben, um die Knoten unverrückbar zu machen.

Bringen wir, anstatt die Stäbe hinzuzufügen, die in diesen auftretenden Spannungen als äußere Kräfte hinzu, wird selbstverständlich dieselbe Wirkung entstehen. Hieraus erkennt man, daß die Anzahl der nötigen Zusatzkräfte P mit der Anzahl der zur Erzielung unverschiebbarer Knoten erforderlichen Zustazstäbe, und daß die Größe der Kräfte P mit den Stabkräften der Zusatzstäbe übereinstimmt.

Im allgemeinen sind verschiedene Kraftsysteme P möglich; erforderlich ist nur, daß die Zusatzstäbe, welche zwecks Berechnung der Kräfte P hinzugefügt werden, in der Weise angebracht werden, daß die entsprechende Knotenpunktsfigur statisch bestimmt wird.

Nachdem nunmehr die erforderliche Anzahl der Kräfte P ermittelt worden ist, gehen wir zur Bestimmung dieser Kräfte und der Normalkräfte der Stäbe über.

Das zur Untersuchung vorliegende Stabsystem habe nun eine Knotenpunktsfigur mit n-facher Bewegungsmöglichkeit. Durch Hinzufügen der n nötigen Zusatzstäbe verwandeln wir das System in ein solches mit unverrückbaren Knoten.

Für dieses neue System können wir die im Abschnitt 3 abgeleiteten α-Gleichungen der Belastung unmittelbar verwenden, ihre Lösung möge die Werte α_a', α_b' usw. ergeben.

Wir stellen nun die folgende Betrachtung an: Auf das dem umgewandelten Stabsystem entsprechende, statisch bestimmte Knotenpunktsystem denken wir uns die **Querkräfte des Stabsystems als äußere Kräfte** aufgebracht und fragen nach der Größe der durch diese Belastung in den Stäben des Knotenpunktsystems verursachten Stabkräfte. Um diese zu bestimmen, schneiden wir sämtliche Knoten los und stellen die Gleichgewichtsbedingungen der wirkenden Schnitt- und äußeren Kräfte auf. Sofort erkennen wir, daß wir auf diese Weise genau dieselben Gleichungen gewinnen wie die Gleichungen, welche durch Losschneiden der Knoten des Stabsystems zwischen den Größen Q, S und P gewonnen wurden. Wir können deshalb den wichtigen Satz aussprechen:

Die Normalkräfte des Stabsystems und die Zusatzbelastung P können als Stabkräfte des statisch bestimmten Knotenpunktsystems belastet, durch die Querkräfte des Stabsystems, gefunden werden.

Dieser Satz hat indessen nicht allgemeine Gültigkeit. Bei seiner Herleitung wurde nämlich stillschweigend vorausgesetzt, daß die Normalkraft in den beiden Endpunkten eines Stabes denselben Wert besitzt, also in den für die Endknoten aufgestellten Gleichgewichtsbedingungen mit demselben Werte eingeht. Das wird aber nur dann der Fall sein, wenn die wirkende Belastung senkrecht zur Stabachse gerichtet ist. Bildet dagegen die Belastungsrichtung mit der Richtung der Stabachse einen von 90° verschiedenen Winkel, wie z. B. in Fig. 8, wo der schräge Balken a b durch senkrechte Lasten beansprucht wird, ist die Normalkraft des Stabes nicht konstant, sondern ändert ihre Größe in den Angriffspunkten der Belastung.

Wird nun die Normalkraft des Stabes im Punkte a (als Zugkraft positiv gerechnet) mit S_{ab} und die im Punkte b mit S_{ba} bezeichnet, tritt zu den Gleichgewichtsbedingungen noch die Gleichung hinzu:

$$S_{ba} = S_{ab} + \Sigma\,R\cos\varphi = S_{ab} + R_{ab}.$$

Die Normalkraft S_{ba} läßt sich hiernach in zwei Teile zerlegen, von denen der erste gleich S_{ab} ist, der zweite gleichgroß (aber entgegengesetzt gerichtet) die in die Stabachse fallende Belastungskomponente R_{ab} ist. Denken wir uns nun im Punkte b eine äußere Kraft von der Größe $R_{ab} = \Sigma\,R\cos\varphi$ hinzugefügt, welche dieselbe Richtung hat wie die Belastungskomponente, so wird dadurch der zweite Teil der Normalkraft aufgehoben, und wir erhalten auch in b die Normalkraft S_{ab}.

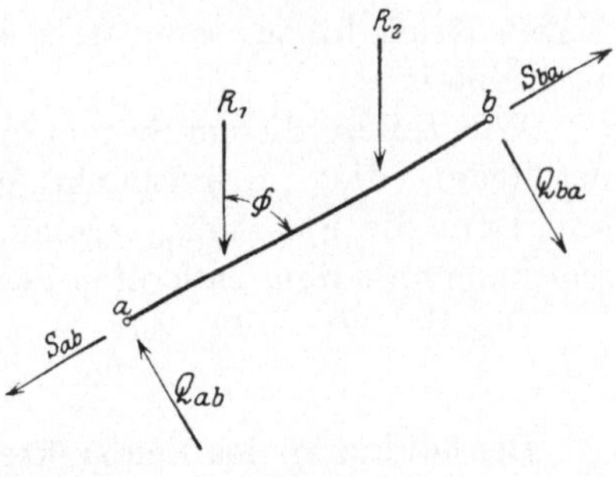

Fig. 8.

Fügen wir demnach im Knotenpunktsysteme außer der Querkraftbelastung in dem Punkte b noch die Belastungskomponente $\Sigma\,R\cos\varphi$ als äußere Kraft hinzu, so wird die gefundene Stabkraft gleich S_{ab}.

Wird die äußere Kraft umgekehrt in a hinzugefügt, erhalten wir in diesem Punkte die Normalkraft S_{ba}. Die gefundene Stabkraft wird dann gleich S_{ba}.

Allgemein können wir sagen:

Ist ein beliebiger Stab a b durch schief gerichtete Kräfte beansprucht, finden wir die Normalkraft S_{ab} bzw. S_{ba} als Stabkraft des entsprechenden Stabes ab im Knotenpunktsystem, wenn wir dieses außer der Querkraftbelastung noch in b bzw. a durch eine Kraft belasten gleich und gleich gerichtet der in die Stabachse fallenden Belastungskomponente.

Wir können demnach auch wenn ein oder mehrere Stäbe schief belastet sind, die Normalkräfte des Stabsystems und die Kräfte P als Stabkräfte des statisch bestimmten Knotenpunktsystems bestimmen.

Die Querkräfte des Stabsystems, welche nach der Gleichung (3) ermittelt werden, lassen sich in zwei Teile zerlegen, die Querkraft Q_{ab} z. B. in:

$$+ Q_{ab}^{0} \quad \text{und} \quad Q'_{ab} = -k_{ab}\cdot k'_{ab}\cdot(\alpha_a{}' + \alpha_b{}').$$

Für die Querkräfte $+ Q^0$ als Belastung des Knotenpunktsystems in Verband mit den Belastungskomponenten $\Sigma\,R\cos\varphi$ und eventuellen in den Knoten wirkenden äußeren Kräften bestimmen wir in gewöhnlicher Weise, z. B. durch Zeichnung eines Cremonaschen Kräfteplanes, die Stabkräfte.

Hierbei möge gefunden werden:

S_{ab}^{0}, S_{ac}^{0} usw. für die tatsächlich vorhandenen Stäbe und

P_1^{0}, P_2^{0} usw. für die Zusatzstäbe.

Hierzu müssen noch die durch die Belastung Q' erzeugten Spann-kräfte addiert werden.

Diese werden am einfachsten durch die kinematische Methode gefunden.

Entfernen wir aus dem statisch bestimmten Knotenpunktsystem einen Stab, z. B. den Zusatzstab p, fügen aber die Stabkraft P_p' als äußere Kraft hinzu, so entsteht ein System mit einfacher Bewegungs-möglichkeit.

Wir teilen diesem System eine virtuelle Verschiebung mit, wobei der (oder die) Angriffspunkt (e) der Belastung P_p' sich (gegen-seitig) um die Strecke x_p verschieben möge, welche (gegenseitige) Ver-schiebung mit dem entfernten Stabe den Winkel φ_p einschließt.

Die Belastung P_p' verrichtet hierbei die virtuelle Arbeit

$$P_p' \cdot x_p \cdot \cos \varphi_p.$$

Die beiden an den Endpunkten des beliebigen Stabes ab als äußere Kräfte aufgebrachten Querkräfte

$$Q'_{ab} = Q'_{ba} = - k_{ab} \cdot k'_{ab} (\alpha_a' + \alpha_b')$$

leisten zusammen die Arbeit

$$+ k_{ab} \cdot (\alpha_a' + \alpha_b') \cdot v_{ab,p} \cdot x_p,$$

indem wir unter

$v_{ab,p}$ den durch eine Verschiebung $x_p = 1$ erfolgten Drehungswinkel des Stabes a b bezeichnen und daran erinnern, daß k'_{ab} gleich $\dfrac{1}{l'_{ab}}$ ist, also $k'_{ab} \cdot l'_{ab} = 1$, und daß eine positive Querkraft so aufgebracht werden muß, daß sie in kleiner Entfernung vom Knotenpunkte wirkend gedacht eine positive Drehung desselben herbeiführt. Zur Bestimmung der Kraft P_p' haben wir demnach die Gleichung

$$P_p' \cdot \cos \varphi_p + \Sigma (\alpha_a' + \alpha_b') \, k_{ab} \cdot v_{ab,p} = 0.$$

Für die Kraft P_p haben wir also im ganzen:

$$P_p = P_p^0 - \frac{1}{\cos \varphi_p} \Sigma (\alpha_a' + \alpha_b') \cdot k_{ab} \cdot v_{ab,p}.$$

Wir führen zur Abkürzung die Bezeichnungen ein:

$$(\alpha_a' + \alpha_b') = p'_{ab} \text{ usw.,}$$

können also schreiben:

$$P_p = P_p^0 - \frac{1}{\cos \varphi_p} \Sigma p' \cdot v_p \cdot k \tag{10}$$

Für die Normalkraft eines Stabes pq finden wir in ähnlicher Weise:

$$S_{pq} = S_{pq}^0 - \frac{1}{\cos \varphi_{pq}} \cdot \Sigma p' \cdot v_{pq} \cdot k \tag{11}$$

Es bedeutet:

φ_{pq} den Winkel, welcher die Richtung der gegenseitigen Verschiebung der Punkte p und q bei Entfernung des Stabes pq mit der Richtung der Stabachse einschließt;

$v_{ab,pq}$ den Winkel, um den sich der Stab ab bei einer gegenseitigen Verschiebung der Punkte p und q um die Strecke $x_{pq} = 1$ dreht.

Die positiven Richtungen der Verschiebungen x_p, x_{pq} usw. werden so gewählt, daß die Winkel φ_p, φ_{pq} kleiner als $\dfrac{\pi}{2}$ werden.

Für eine Gelenkstange ag ist mit Rücksicht auf Gleichung (6)

$$p'_{a\,g} = \frac{\alpha_a{}'}{2} - \frac{1,5}{k_{a\,g}} \cdot M^0_{g\,a}.$$

7. Die Ermittlung der tatsächlichen α-Werte. Die Kräfte P_1 bis P_n, welche nach der im vorigen Abschnitt abgeleiteten Formel (10) gefunden werden, sind diejenigen Kräfte, welche auf dem Stabsystem aufgebracht werden müssen, um eine Verschiebung der Knoten zu verhindern.

Die ermittelten α'-Werte sind demnach nicht die tatsächlichen α-Werte, sie entsprechen vielmehr der gegebenen Belastung und der Belastung „P" zusammen.

Um nun auf die tatsächlichen α-Werte zurückzukommen, muß demnach eine Belastung „— P", d. h. n Kräfte von der Größe P_1 bis P_n, aber diesen entgegengesetzt gerichtet, hinzugefügt werden. Erzeugt nun die Belastung „— P" für sich genommen die α-Werte $\alpha_a{}''$, $\alpha_b{}''$ usw., hat man demnach:

$$\alpha_a = \alpha_a{}' + \alpha_a{}''$$
$$\alpha_b = \alpha_b{}' + \alpha_b{}'' \text{ usw.}$$

Um die α-Werte finden zu können, haben wir somit die α''-Werte zu bestimmen.

Wir bemerken, daß die Belastung „— P", welche die α''-Werte erzeugt, nur aus Kräften besteht, die in den Knotenpunkten des Systems angreifen, die Stäbe selbst tragen keine Belastung.

Die Knotenpunktsdrehungen α'' sind demnach nur eine Folge von der Verschiebung der Knoten und den hieraus resultierenden Drehungen der Stäbe.

Sobald die Drehungswinkel u bekannt sind, können wir deshalb die in 4 abgeleiteten α-Gleichungen der Verschiebung zur Berechnung der α'' benutzen.

Es ist einleuchtend, daß die Belastung „— P" für sich allein genau dieselben Verschiebungen der Knoten herbeiführen wird wie die gegebene Belastung. Dies folgt unmittelbar aus dem Umstande, daß die gegebene Belastung und die Belastung „+ P“ die Knotenpunkte nicht verschieben.

Weiter ist es einleuchtend, daß die neue Lage der Knoten bei einem System mit einfacher Bewegungsmöglichkeit durch die Angabe einer Größe, z. B. der Verschiebung eines Knotenpunktes, vollständig bestimmt ist, und daß es im allgemeinen bei einem Systeme mit n-facher Bewegungsmöglichkeit der Angabe von n solcher Größen bedarf, um die Lage nach der Verschiebung zu bestimmen.

Wir wählen nun zur Bestimmung des Verschiebungszustandes die Größen x_1 bis x_n, d. h. die Verschiebungen der Angriffspunkte der Kräfte P bzw. gegenseitige Verschiebungen, (je nachdem die entsprechenden Zusatzstäbe nach außerhalb des Systems gelegenen festen Punkten führen oder zwei Systempunkte verbinden).

Von der ursprünglichen Lage in die entgültige kann das System und die entsprechende Knotenpunktsfigur in der Weise übergeführt werden, daß zuerst der Stab 1 entfernt, die Verschiebung x_1 ausgeführt und darauf der Stab 1 wieder (mit entsprechend abgeänderter Länge) eingesetzt wird. In dieser Weise verfährt man der Reihe nach mit den übrigen Zusatzstäben und erhält zum Schluß den endgültigen Verschiebungszustand.

Bei der „Verschiebung x_1" — womit wir in Kürze die eben erwähnte Verschiebung des Angriffspunktes des Stabes I bezeichnen — entstehen gewisse Knotenpunktsdrehungen, welche mit Hilfe der α-Gleichungen der Verschiebungen ermittelt werden können.

Nun ist die Größe von x_1 freilich vorläufig nicht bekannt; wir schreiben deshalb die Verschiebungsgleichungen zunächst für eine Verschiebung $x_1 = 1$, d. h. eine Verschiebung, bei welcher sich der Angriffspunkt des Stabes I um die Strecke 1 bewegt, auf.

Das Belastungsglied der α-Gleichung eines beliebigen Knotens a lautet in diesem Falle (vgl. 4.)

$$N_{au} = 3 \sum_{b}^{e} k_{ab} \cdot v_{ab,1} + 3 \sum_{1}^{n} k_{ap} \cdot v_{ap,1} + 1{,}5 \sum_{1}^{u} k_{ag} \cdot v_{ag,1},$$

indem mit v_1 die Drehungswinkel der Stäbe des Knotenpunktsystems zufolge der Verschiebung $x_1 = 1$ bezeichnet werden. Wie schon mehrfach erwähnt, umfaßt die erste Summation, die nach anderen Knoten, die zweite die nach festen Einspannungen und die dritte die nach festen Gelenken gehenden Stäbe.

Die sich ergebenden α-Werte mögen bezeichnet werden

$$\alpha_a = a_1$$
$$\alpha_b = b_1 \quad \text{usw.}$$

In gleicher Weise schreiben wir die Verschiebungsgleichungen der Reihe nach für die Verschiebungszustände $x_2 = 1$, $x_3 = 1$ usw. auf und bezeichnen die Lösungen für den Knoten a mit $a_2, a_3 \ldots \ldots a_n$, für b mit $b_2, b_3 \ldots \ldots b_n$ usw.

Die α''-Werte können nunmehr auf die Form gebracht werden:

$$\alpha_a'' = a_1 \cdot x_1 + a_2 \cdot x_2 + a_3 \cdot x_3 + \ldots \ldots a_n \cdot x_n$$
$$\alpha_b'' = b_1 \cdot x_1 + b_2 \cdot x_2 + b_3 \cdot x_3 + \ldots \ldots b_n \cdot x_n \text{ usw.}$$

Ebenfalls können wir die Winkeldrehungen der Knotenpunktstäbe auf die Form bringen:

$$u_{ab} = v_{ab,1} \cdot x_1 + v_{ab,2} \cdot x_2 + \ldots v_{ab,n} \cdot x_n.$$

Zur vollständigen Bestimmung der α''- und der u-Werte fehlt demnach nur noch die Ermittlung der Größen x_1 bis x_n.

Die hierzu erforderlichen n-Gleichungen erhält man durch die Bedingungen, daß in den Zusatzstäben keine Spannungen entstehen, falls sie erst nach erfolgter Deformation des Stabsystemes eingefügt werden.

Die Spannung eines Zusatzstabes läßt sich aber in der unter 6. gezeigten Weise berechnen, also durch Belastung des Knotenpunktsystems mit den dem endgültigen Verschiebungszustand entsprechenden Querkräften des Stabsystems.

Eine beliebige Querkraft des Stabsystems schreibt sich wie folgt:

$$+ Q_{ab} = + Q_{ab}^0 - k_{ab} \cdot k_{ab}' (\alpha_a + \alpha_b - 2 u_{ab}).$$

Hier ist

$$\alpha_a = \alpha_a' + \alpha_a'', \quad \alpha_b = \alpha_b' + \alpha_b''.$$

Demnach können wir auch schreiben

$$Q_{ab} = Q_{ab}^0 - k_{ab} \cdot k_{ab}' (\alpha_a' + \alpha_b') - k_{ab} \cdot k_{ab}' (\alpha_a'' + \alpha_b'' - 2 u_{ab}).$$

Die ersten beiden Glieder auf der rechten Seite stellen die Querkraft bei festgehaltenem Knotenpunkte dar. Durch Belastung des Knotenpunktsystems hiermit allein entstehen somit die schon berechneten Spannkräfte P und S. Die durch Belastung mit den durch das dritte Glied gekennzeichneten Querkräften erzeugten Spannungen P'' findet man wieder am einfachsten durch die kinematische Methode.

Z. B. finden wir durch Ausführung der virtuellen Verschiebung $x_n = 1$ die Spannung P_n'' des Stabes n aus

$$P_n'' \cdot \cos \varphi_n + \Sigma (\alpha_a'' + \alpha_b'' - 2 u_{ab}) \cdot k_{ab} \cdot v_{ab,n} = 0.$$

(Bei einer Drehung im positiven Sinne führt eine positive Querkraftbelastung eine negative Arbeit aus).

Da die totale Spannung gleich Null sein soll, muß also:

$$P_n + P_n'' = 0$$

oder

$$P_n - \frac{1}{\cos \varphi_n} \Sigma (\alpha_a'' + \alpha_b'' - 2 u_{ab}) \cdot k_{ab} \cdot v_{ab,n} = 0.$$

sein.

Wir ersetzen hierin die α'' mit den obigen Ausdrücken

$$\alpha_a'' = a_1 \cdot x_1 + a_2 \cdot x_2 + a_3 \cdot x_3 + \ldots a_n \cdot x_n \quad \text{usw.}$$

und

$$u_{ab} = v_{ab,1} \cdot x_1 + v_{ab,2} \cdot x_2 + \ldots v_{ab,n} \cdot x_n,$$

wobei zur Abkürzung gesetzt wird:

$$P_{n,1} = -\frac{1}{\cos \varphi_n} \cdot \Sigma (a_1 + b_1 - 2\,v_{ab,1}) \cdot k_{ab} \cdot v_{ab,n}$$

$$P_{n,2} = -\frac{1}{\cos \varphi_n} \cdot \Sigma (a_2 + b_2 - 2\,v_{ab,2}) \cdot k_{ab} \cdot v_{ab,n},$$

und finden somit:

$$P_n + P_{n,1} \cdot x_1 + P_{n,2} \cdot x_2 + \ldots P_{n,n} \cdot x_n = 0 \qquad (12)$$

und die analogen Gleichungen für P_1, P_2 usw.

Aus den Definitionsgleichungen der mit einem Doppelzeiger behafteten P erkennen wir, daß

$P_{n,r}$ die Spannung bedeutet, welche in dem n ten Zusatzstabe bei Ausführung der Verschiebung $x_r = 1$ entsteht.

Führen wir nun weiter die Bezeichnungen ein:

$$\begin{aligned}
(a_1 + b_1 - 2\,v_{ab,1}) &= p_{ab,1} \\
(a_2 + b_2 - 2\,v_{ab,2}) &= p_{ab,2} \\
&\text{usw.,}
\end{aligned} \qquad (13)$$

hat man

$$P_{n,1} = -\frac{1}{\cos \varphi_n} \Sigma\, p_1 \cdot v_n \cdot k$$

$$P_{n,2} = -\frac{1}{\cos \varphi_n} \Sigma\, p_2 \cdot v_n \cdot k \qquad (14)$$

$$\text{usw.}$$

Für Gelenkstange ag ist speziell:

$$p_{ag,1} = (a_1 + g_1 - 2\,v_{ag,1}) = \frac{1}{2} \cdot (a_1 - v_{ag,1});$$

da

$$g_1 = -\frac{a_1}{2} + 1{,}5 \cdot v_{ag,1}$$

im allgemeinen:

$$p_{ag,n} = \frac{1}{2} (a_n - v_{ag,n}) \qquad (13\,\mathrm{a})$$

Nach den Formeln (13) berechnet man die Größen P und hat nunmehr zur Bestimmung der Größen x das Gleichungsystem (12):

$$-P_1 = P_{1,1} \cdot x_1 + P_{1,2} \cdot x_2 + P_{1,3} \cdot x_3 + \ldots P_{1,n} \cdot x_n$$

$$-P_2 = P_{2,1} \cdot x_1 + P_{2,2} \cdot x_2 + P_{2,3} \cdot x_3 + \ldots P_{2,n} \cdot x_n$$

$$\text{usw.}$$

Nach dem Satze von Betti (vgl. Müller-Breslau, Statik II, Abt. 1, S. 33) findet man $\Sigma\, p_r \cdot v_n \cdot k = \Sigma\, p_n \cdot v_r \cdot k$, demnach

$$P_{n,\,r} \cdot \cos \varphi_n = P_{r,\,n} \cdot \cos \varphi_r$$

Hierdurch hat man eine Kontrolle auf die Ermittlung der Größen P.

Wir sind nun zum Ziele gelangt, indem nunmehr die tatsächlichen α-Werte und u-Werte bekannt sind. Der Übersicht halber wiederholen wir hier kurz den Berechnungsgang.

1. Bestimmung des Grades der Bewegungsmöglichkeit des dem Stabsystem entsprechenden Knotenpunktsystems und Hinzufügen der erforderlichen Zusatzstäbe.
2. Berechnung der Koeffizienten k und $\varkappa$.
3. Entfernung der hinzugefügten Stäbe der Reihe nach und Bestimmung der durch eine Verrückung 1 des Angriffspunktes des entfernten Stabes erzeugten Winkeldrehungen v der Stäbe.
4. Berechnung der Belastungsglieder der α-Gleichungen der Verschiebungen $x_1 = 1$, $x_2 = 1$ usw.
5. Lösung der α-Gleichungen der Verschiebungen $x_1 = 1$, $x_2 = 1$ usw.
6. Berechnung der Größen P mit Doppelzeiger.

Die bis jetzt genannten Arbeiten sind völlig unabhängig von der Belastung des gegebenen Systems und können ein für allemal erledigt werden. Es folgen nun Arbeiten, die für jede zu untersuchende Belastung zu wiederholen sind, nämlich

7. Berechnung der Belastungsglieder der α-Gleichungen der Belastung. (Hierzu werden die beigefügten Tabellen benutzt.)
8. Lösung der α-Gleichungen der Belastung.
9. Berechnung der Spannkräfte P der hinzugefügten Stäbe.
10. Lösung der x-Gleichungen.
11. Berechnung der endgültigen α- und u-Werte.

8. Die Berücksichtigung des Einflusses einer gleichmäßigen Temperaturvariation und der Normalkräfte. Die vorausgehenden Entwicklungen waren an die Annahme gebunden, daß die Längenänderungen der Stäbe, verursacht durch den Einfluß der Normalkräfte, so geringfügig sind, daß man ihren Einfluß auf die Deformation des Stabgebildes vernachlässigen durfte.

Wir haben bereits an früherer Stelle die Zulässigkeit dieser Annahme näher erörtert.

Wenn nun auch der Einfluß der Normalkräfte beträchtlich klein ist, so liegt der Fall ganz anders, wenn Längenänderungen der Stäbe, verursacht durch Temperaturvariation, in Frage kommen.

Die durch die letzteren bedingten Beanspruchungen des Stabgebildes können nämlich unter Umständen ziemlich beträchtlich sein;

ihre Ermittlung muß demnach als streng erforderlich betrachtet werden.

Wir stellen aus diesem Grunde hier die Behandlung einer Temperaturvariation in den Vordergrund, umsomehr, weil der Einfluß der Normalkräfte annähernd in genau derselben Weise gefunden werden kann.

Die Verlängerung einer Stange, z. B. a b, durch eine Temperaturerhöhung von t^0 Celsius beträgt $\varepsilon \cdot t \cdot l'_{ab}$, wobei ε die Temperaturausdehnung der Längeneinheit bei 1^0 Erwärmung bedeutet.

Wir berechnen nun die Längenänderungen sämtlicher Stäbe, multiplizieren diese mit dem Faktor $6\,E\,I_0$, weil wir stets mit den $6\,E\,I_0$-fachen Verschiebungen rechnen, und bestimmen die durch diese Verlängerungen erzeugten Winkeldrehungen des statisch bestimmten Knotenpunktsystems. Ist die Knotenpunktsfigur nicht besonders einfach, tut man dies am besten durch Zeichnung eines Verschiebungsplanes.

Um nun aus dem Verschiebungsplane z. B. die Drehung des Stabes a b zu finden, projiziert man die Verschiebungen der Punkte a und b auf eine zu a b senkrecht stehende Gerade. Die Summe dieser Projektionen — wobei einer Projektion das Vorzeichen $+$ beizulegen ist, wenn die entsprechende Verschiebung die Stabachse im positiven Sinne zu drehen sucht — geteilt durch die Länge des betrachteten Stabes ergibt die gesuchte Winkeldrehung.

Bei einfacherer Gestaltung der Knotenpunktsfigur kommt man aber oft ohne Zeichnung eines Verschiebungsplanes durch einfache Berechnung schneller zum Ziele.

Es ist bei der Ermittlung der Verschiebungen gleichgültig, ob wir die Länge der Zusatzstäbe als konstant betrachten oder diesen Stäben gewisse Längenänderungen zuteilen.

Hiervon macht man z. B. Gebrauch, wenn das gegebene System um eine Mittellinie Symmetrie aufweist. In diesem Falle ändere man die Längen der Zusatzstäbe derart, daß auch die deformierte Figur symmetrisch wird.

Hat man nun die Drehungen der Stäbe, welche mit u'_{ab} usw. bezeichnet werden mögen, ermittelt, berechnet man die hieraus bedingten Belastungsglieder der α-Gleichungen und verfährt, wie im vorigen Paragraphen unter 7 bis 11 angegeben, wenn an Stelle α-Gleichung der Belastung gelesen wird: α-Gleichung der (durch Temperaturvariation verursachten) Verschiebungen. Hierbei ist zu beachten, daß die Größen p' nunmehr bestimmt sind durch

$$p'_{ab} = \alpha_a + \alpha_b{}' - 2\,u'_{ab}$$

usw. Für einen gelenkartigen aufgelagerten Stab a g speziell

$$p'_{a\,g} = \frac{1}{2}\,(\alpha_a' - u'_{a\,g})\,.$$

Im Falle der Symmetrie fällt, wenn man die Verschiebung wie oben erwähnt ausgeführt hat, die Arbeit 9 bis 11 fort. Die in dieser Weise deformierte Knotenpunktsfigur ist mit der endgültigen identisch, die Belastung P muß deshalb gleich Null werden.

Bei ungleichmäßiger Temperaturvariation verfährt man ebenfalls nach 7 bis 11 des vorigen Paragraphen, nur treten hier an Stelle der α-Gleichungen der Belastung die α-Gleichungen der Temperaturvariation (vgl. § 5). Auch hier gilt es, daß bei symmetrischer Anordnung und unsymmetrischer Temperaturbelastung keine Spannungen der Zusatzstäbe entstehen, daß demnach die unter 9 bis 11 aufgeführten Arbeiten in Wegfall kommen.

Die Behandlung der Temperaturvariation ist hiermit erledigt, und wir können dazu übergehen, den Einfluß der Normalkräfte näher zu verfolgen.

Die durch eine Normalkraft bedingte Längenänderung eines Stabes (wie früher mit dem Faktor $6\,E\,J_0$ multipliziert) beträgt z. B. für den Stab $a\,b$

$$\Delta_{a\,b} = 6\,E\,J_0 \left(\frac{S \cdot l'}{E\,F}\right)_{a\,b}$$

wobei die mit Doppelzeiger behaftete Klammer ausdrücken soll, daß für die in Klammer stehenden Größen die speziellen Werte des durch den Zeiger gekennzeichneten Stabes einzusetzen sind.

Bisher wurde stillschweigend angenommen, daß die Elastizitätsziffer E für sämtliche Stäbe dieselbe Größe hatte. Für die miteinander fest verbundenen Stäbe wird dies natürlich auch gewöhnlich der Fall sein, dagegen kann es vorkommen, daß ein gelenkartig angeschlossener Stab, z. B. eine Zugstange, aus einem anderen Material besteht als das Rahmenwerk selbst. Wir können aber trotzdem mit einem konstanten Werte E rechnen, wenn wir unter F den mit dem Verhältnisfaktor der Elastizitätsziffer vervielfachten Inhalt der Querschnittsfläche verstehen, ein von der Berechnung z. B. von Eisenbetonkonstruktionen genugsam bekanntes Vorgehen. Wir können also im obigen Ausdrucke die Größe E kürzen und schreiben:

$$\Delta_{a\,b} = 6\,J_0 \left(\frac{S \cdot l'}{F}\right)_{ab} \tag{15}$$

Bei schief gerichteter Belastung ist die Normalkraft nicht konstant, die in Klammer stehende Größe muß in diesem Falle durch eine Summation bzw. Integration ersetzt werden.

Die Verlängerungen bzw. Verkürzungen der Stäbe sind somit erst nach Ermittlung der Normalkräfte bekannt. Es ist nun z. B. die Normalkraft $S_{a\,b}$ des Stabes $a\,b$ gleich der Summe derjenigen Normalkraft, welche unter der Annahme konstanter Stablängen bestimmt wird, und derjenigen, welche durch den Einfluß der Längenänderungen der Stäbe entsteht. Da wir nun bereits wissen, daß dieser Einfluß gewöhnlich sehr gering ist, wird man keinen großen Fehler begehen, wenn man der Berechnung der Längenänderungen der Stäbe die bei konstanten Stablängen ermittelten Normalkräfte zugrunde legt.

Wird dies getan, so sind die Längenänderungen Δ der Stäbe bekannte Größen, und die Berechnung vollzieht sich in genau derselben Weise wie bei einer gleichmäßigen Temperaturvariation.

Hält man es überhaupt für nötig gegebenenfalls den Einfluß der Normalkräfte zu berücksichtigen, wird man sich stets mit dieser angenäherten Berechnungsweise begnügen können.

Mehr der Vollständigkeit halber soll aber noch gezeigt werden, wie sich die Berechnung gestalten wird, wenn man dem Einfluß der Normalkräfte ganz genau nachzugehen wünscht.

Es zeigt sich hierbei, daß die Anzahl der x-Gleichungen sich in diesem Falle für jeden Stab des Systems um Eins vermehrt.

Die genaue Berechnung wird sich deshalb nur in den seltensten Fällen empfehlen, da die vermehrte Rechenarbeit in keinem Verhältnisse zu der größeren Genauigkeit stehen wird. Höchstens könnte man daran denken, die Längenänderung einzelner Stäbe, z. B. die einer Zugstange, auf diese Weise in Rechnung zu ziehen.

Es genügt, die Berechnungsweise bei Berücksichtigung der Deformation nur einer Stange zu zeigen; das Verfahren läßt sich unmittelbar über eine größere Anzahl Stäbe erstrecken.

Wir fanden nach Gleichung (15)

$$\Delta_{ab} = 6\,J_0 \left(\frac{S \cdot l'}{F}\right)_{ab},$$

demnach

$$S_{ab} = \left(\frac{F \cdot \Delta}{l'}\right)_{ab} \frac{1}{6\,J_0}.$$

Andererseits hat man, wenn man die Spannung auf dieselbe Form, wie dies in Gleichung (12) für einen Zusatzstab geschehen, bringt:

$$S_{ab} = S_{ab}^c + S_{ab,1} \cdot x_1 + S_{ab,2} \cdot x_2 + \ldots S_{ab,n} \cdot x_n + S_{ab,ab} \cdot \Delta_{ab},$$

wobei S_{ab}^c die Spannung bei festliegenden Knoten bedeutet.

Die Größen S mit doppeltem Index berechnen sich in genau derselben Weise wie die P.

Führen wir in die letzte Gleichung den obigen für S_{ab} gefundenen Ausdruck ein, erhalten wir somit

$$0 = S_{ab}^c + S_{ab,1} \cdot x_1 + S_{ab,2} \cdot x_2 + \ldots S_{ab,n} \cdot x_n$$
$$+ \left[S_{ab,ab} - \frac{F_{ab} \cdot k'_{ab}}{6\,J_0}\right] \cdot \Delta_{ab}. \tag{16}$$

Diese Gleichung in Verband mit den x-Gleichungen, welche nunmehr lauten

$$0 = P_1 + P_{1,1} \cdot x_1 + P_{2,2} \cdot x_2 + \ldots P_{1,n} \cdot x_n + P_{1,ab} \cdot \Delta_{ab}$$

usw.,

ermöglicht die Berechnung der Größen x_1 bis x_n und Δ_{ab}. Die weitere Berechnung vollzieht sich genau wie früher.

9. Die graphische Darstellung der Momente, Normalkräfte und Querkräfte. Im Vorhergehenden wurde die Berechnung nur bis zur Bestimmung der α- und u-Werte durchgeführt. Um aber die Beanspruchung eines gegebenen Querschnittes berechnen zu können oder eine Dimensionierung vorzunehmen, ist es erforderlich, das Moment, die Normal- und Querkräfte des Querschnittes zu kennen.

Nach den im Paragraphen 2 abgeleiteten Formeln ergibt sich nun für die Momente und Querkräfte der Endquerschnitte

$$M_{ab} = M_{ab}^0 + k_{ab}\left(\frac{2}{3} \cdot \alpha_a + \frac{1}{3} \cdot \alpha_b - u_{ab}\right)$$

$$M_{ba} = M_{ba}^0 + k_{ab}\left(\frac{1}{3} \cdot \alpha_a + \frac{2}{3} \cdot \alpha_b - u_{ab}\right)$$

$$Q_{ab} = Q_{ab}^0 - k_{ab} \cdot k_{ab}' (\alpha_a + \alpha_b - 2\,u_{ab})$$

$$Q_{ba} = Q_{ba}^0 - k_{ab} \cdot k_{ab}' (\alpha_a + \alpha_b - 2\,u_{ab})\,.$$

Nach Berechnung dieser Größen können die Momente und Querkräfte für jeden beliebigen Querschnitt ermittelt werden.

Bei einer analytischen Berechnung der Momente und Querkräfte gewinnt man aber keinen guten Überblick über den Verlauf dieser Kräfte.

Viel übersichtlicher ist eine graphische Darstellung, weil diese nicht nur die Werte für einzelne Punkte der Stabachse, sondern für alle liefert. Ganz besonders bei Konstruktionen in Eisenbeton ist eine derartige Darstellung fast unentbehrlich zwecks einer geschickten Anordnung der Eiseneinlagen. Wir empfehlen deshalb, das Resultat der Berechnung stets graphisch darzustellen, und zwar in folgender Weise.

a) Momente. Die Momente der einzelnen Punkte der Stabachse werden als Ordinaten von der Stabachse aus nach der Seite hin aufgetragen, die durch das Moment auf Druck beansprucht wird.

Die Ordinaten dieser Momentenkurve werden für jeden Stab durch eine kleine Sonderzeichnung gewonnen. Wir werden dies durch ein Beispiel näher erläutern.

In Fig. 9 ist der Stab a b von 6,0 m Länge mit der ihn angreifenden Belastung, bestehend aus 3 Einzelkräften von je 850 kg, gezeigt. Dieser Stab gehört irgendeinem Stabsystem an, für welches die statische Berechnung bis zur Ermittlung der Größen α und u in der oben geschilderten Weise durchgeführt worden ist.

Für den betrachteten Stab, dessen Trägheitsmoment gleich I_0 angenommen werden möge, gilt:

$$k'_{ab} = k_{ab} = 0{,}167, \quad M^0_{ab} = -\,1520 \text{ kg/m}, \quad M^0_{ba} = +\,1419 \text{ kg/m},$$

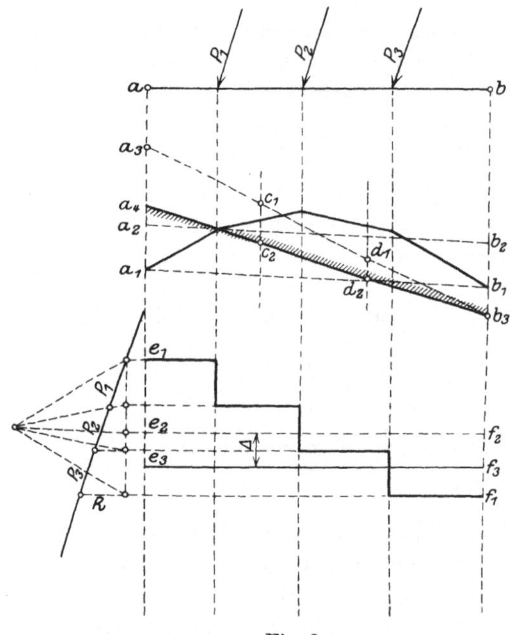

während die Berechnung geliefert habe

$$\alpha_a = +\,24\,000,$$
$$\alpha_b = -\,13\,200,$$
$$u_{ab} = 16\,000.$$

Es wurde gleich auf den allgemeineren Fall einer schief gerichteten Belastung Rücksicht genommen.

Die einfachen Balkenmomente sind durch Zeichnung eines Seilpolygons mit der Schlußlinie $a_1 b_1$ gefunden. Dieses Polygon wird gegen die Kraftrichtung gekrümmt gezeichnet.

Als Maßstäbe für Längen und Kräfte wurde gewählt 1 cm = 1,0 m bzw. 1 cm = 1000 kg, während als Polweite abgetragen ist

$$h = 2 \text{ cm} \sim 2{,}0 \text{ m}.$$

Fig. 9.

Der Maßstab der Momente ist hiernach

$$1 \text{ cm} = 2000 \text{ kgm}.$$

Die Momente des eingespannten Balkens werden hieraus gefunden durch Einlegung einer zweiten Schlußlinie $a_2 b_2$, wobei

$$a_1 a_2 = M^0_{ab}, \quad b_1 b_2 = M^0_{ba}.$$

Es fragt sich nun, nach welcher Richtung hin die Strecken $a_1 a_2$ und $b_1 b_2$ abzusetzen sind.

Aus unserer Definition der positiven Richtungen der Einspannmomente geht hervor, daß ein positives M_{ab} auf der linken Seite des Stabes Druckspannungen erzeugt, während umgekehrt ein positives M_{ba} auf der rechten Seite Druckpsannungen erzeugt.

Von der Schlußlinie aus muß demnach ein positives M_{ab} nach der linken, ein positives M_{ba} nach der rechten Seite hin abgetragen werden, d. h. so, daß positive Momente den Balken in positiver Richtung zu drehen suchen.

Für das Einlegen der Schlußlinie gilt dann umgekehrt, daß positive Momente so abgetragen werden müssen, daß sie den Balken in negativer Richtung zu drehen suchen.

In unserem Fall ist speziell

$$a_1\,a_2 = M_{ab}^0 = -1520$$
$$b_1\,b_2 = M_{ba}^0 = +1419.$$

Übereinstimmend hiermit wurde $a_1 a_2$ positiv drehend, $b_1 b_2$ negativ drehend abgetragen.

Nun wird eine dritte Schlußlinie $a_3 b_3$ eingelegt, wobei

$$a_2\,a_3 = b_2\,b_3 = \div k_{ab} \cdot u_{ab}$$

ist.

Hier ist speziell $-k_{ab} \cdot u_{ab} = -2672$, wofür die Strecken $a_2 a_3$ und $b_2 b_3$ positiv drehend abzusetzen sind.

In den Drittelpunkten der Stabachse werden nun Vertikalen errichtet, welche die Schlußlinie $a_3 b_3$ in den Punkten c_1 und d_1 schneiden.

Wir machen darauf

$$c_1\,c_2 = \frac{\alpha_a}{3} \cdot k_{ab} \quad \text{und} \quad d_1\,d_2 = \frac{\alpha_b}{3} \cdot k_{ab}.$$

Da in unserem Falle α_a positiv ist, α_b dagegen negativ, ist die Strecke $c_1 c_2$ negativ, die Strecke $d_1 d_2$ positiv drehend abgetragen.

Die endgültige Schlußlinie $a_4 b_4$ geht nun durch die Punkte d_1 und d_2.

Es ist nämlich

$$a_4\,a_3 = \left(\frac{2}{3} \cdot \alpha_a + \frac{1}{3} \cdot \alpha_b\right) k_{ab}$$

und

$$b_4\,b_3 = \left(\frac{1}{3} \cdot \alpha_a + \frac{2}{3} \cdot \alpha_b\right) k_{ab}.$$

(Hiervon überzeugt man sich am einfachsten durch Ziehung der Strahlen $c_2 d_1$ bzw. $c_1 d_2$.)

Die Ordinaten von der Schlußlinie $a_4 b_4$ gemessen sind die resultierenden Momente, welche von der Stabachse aus abgetragen werden.

b) Die Querkräfte. Eine Querkraft ist wenn sie beim Durchschneiden des Balkens und Hinzufügen der Schnittkräfte als äußere Kräfte eine positive Drehung der Stabstücke erstrebt. Bei der Darstellung der Querkraftkurven tragen wir als Ordinaten von der Stabachse aus die positiven Querkräfte nach der linken Seite hin, die negativen nach der rechten Seite.

In der Fig. 9 ist ebenfalls die Querkraftkurve des eingespannten Balkens dargestellt. Die Schlußlinie $e_2 f_2$ wurde mit Hilfe der bereits berechneten Querkräfte der Endquerschnitte ermittelt, durch Abtragung von

$$e_2 e_1 = Q^0_{ab}, \quad f_2 f_1 = Q^0_{ba}.$$

Diese Schlußlinie wird nun um die Strecke verschoben

$$\Delta = k_{ab} \cdot k'_{ab} (\alpha_a + \alpha_b - 2 u_{ab}),$$

und zwar nach der linken Seite, wenn dieser Wert positiv ist, nach der rechten, wenn er negativ ist. Im ersteren Falle müssen nämlich die positiven Ordinaten verkleinert, im letzteren vergrößert werden.

Für unseren Balken a b ist speziell

$$k_{ab} \cdot k'_{ab} \cdot (\alpha_a + \alpha_b - 2 u_{ab}) = -590.$$

In Übereinstimmung hiermit wurde in der Zeichnung die Schlußlinie nach rechts verschoben.

c) Die Normalkräfte. Die Normalkräfte werden nach der im Paragraphen 6 gegebenen Darstellung als Stabkräfte der statisch bestimmten Knotenpunktsfigur gefunden. Hierbei dient als Belastung die Querkraft der Endpunkte der Stabachsen und bei schief belasteten Stäben außerdem noch die in die Stabachsen fallenden Belastungskomponenten.

Die erstgenannten Kräfte sind bereits ermittelt. Sie sind so aufzubringen, daß eine positive Querkraft eine positive Drehung des Knotenpunktes herbeiführen soll, wenn der betreffende Stab in kleiner Entfernung vom Knotenpunkte durchschnitten gedacht wird.

Die in die Stabachsen fallenden Belastungskomponenten sind unmittelbar aus den bei der Konstruktion der Momente und Querkräfte benutzten Hilfsfiguren zu entnehmen. Für den Stab a b ist z. B. die Belastungskomponente gleich $R = 750$ kg.

Wir erinnern daran, daß, je nachdem diese Belastungskomponente in dem Punkte a oder b des Knotenpunktsystems als äußere Kraft hinzugefügt wird, die gefundene Stabkraft mit der Normalkraft im Punkte b bzw. a übereinstimmt. Die Normalkraft in jedem beliebigen Punkte der Stabachse läßt sich hieraus mit Hilfe der Kräftepläne der Hilfsfiguren leicht ermitteln.

Die durch eine Temperaturvariation verursachten Beanspruchungen lassen sich in derselben Weise darstellen. Wir haben nur die α- und u-Werte der Temperatur einzusetzen, während an Stelle von M^0_{ab} bzw. M^0_{ba} geschrieben werden muß: τ_{ab} bzw. $\tau_{ba} = -\tau_{ab}$ (vgl. Paragraph 5).

Die „M^0" Kurve ist demnach in diesem Falle eine mit der Stabachse parallele Gerade in der Entfernung τ_{ab}. Sie liegt auf der linken bzw. rechten Seite, je nachdem τ_{ab} positiv oder negativ ausfällt.

10. Beispiele. In diesem Paragraphen soll die im vorhergehenden dargestellte Berechnungsweise näher durch einige Zahlenbeispiele erläutert werden.

Bei den Berechnungen wurde der Rechenschieber in ausgiebiger Weise benutzt. Es kommt ja hier weniger auf eine strenge Genauigkeit als darauf an, zu zeigen, wie die Berechnungen am einfachsten und übersichtlichsten aufgestellt werden. Sonst muß ganz besonders auf eine genaue Ermittlung der Größen x Gewicht gelegt werden, so daß diese Größen am besten ohne Zuhilfenahme des Schiebers auszuwerten sind.

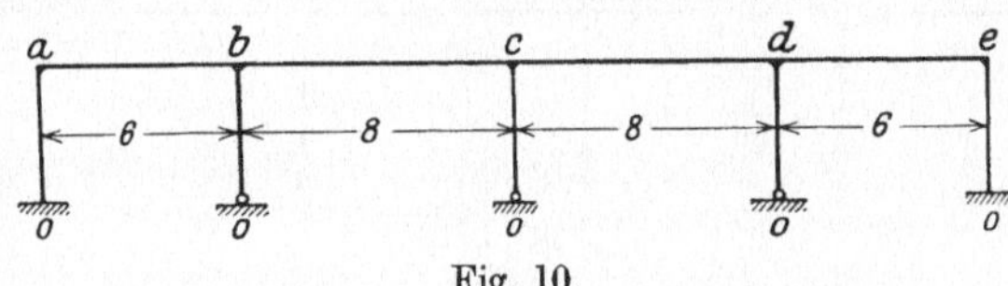

Fig. 10.

Am schnellsten lassen sich die Berechnungen mit Hilfe einer Rechenmaschine erledigen, jedoch steht dieses wertvolle Hilfsmittel leider noch den wenigsten zu Gebote.

Beispiel 1. Die Berechnung mehrstieliger Rahmen. Als erstes Beispiel wählen wir den in der Fig. 10 dargestellten 5-stieligen Rahmen.

Wir werden aus diesem Beispiele sehen, daß durch die Methode der α-Gleichungen die Berechnung derartiger eingeschossiger Rahmen, gleichviel ob die Auflagerung der Stiele eine gelenkartige oder eingespannte ist, sich ganz besonders übersichtlich und einfach gestaltet.

In unserem Beispiele ist der erste und der letzte Stiel unten eingespannt, während die übrigen gelenkartig gelagert sind.

Das Trägheitsmoment des wagerechten Balkens möge konstant und gleich J_0, das der Stiele gleich $\dfrac{1}{2} J_0$ angenommen werden.

Die Belastung des oberen Balkens beträgt 500 kg/m gleichmäßig verteilte ruhende, und 1500 kg/m ebenfalls gleichmäßig verteilte, aber bewegliche.

Es sollen nur solche Stellungen der beweglichen Belastung in Betracht gezogen werden, bei welchen diese ganze Fachlängen bedeckt.

Der vorhandenen Symmetrie wegen können wir uns mit der Untersuchung zweier verschiedener Belastungsfälle begnügen, nämlich einer gleichmäßig verteilten des Feldes a b allein und einer gleichmäßig verteilten Belastung des Feldes b c allein. Durch Kombination der hieraus gewonnenen Resultate sind wir imstande, die ungünstigsten

Beanspruchungen der verschiedenen Glieder des Systemes zu bestimmen.

Die dem Stabsystem entsprechende Knotenpunktsfigur besitzt, wie man sich leicht überzeugt, einfache Bewegungsmöglichkeit. Auch durch Aufzählung der Stäbe, Knotenpunkte und Auflagerbedingungen gelangen wir zu diesem Resultate. Es ist nämlich (Fig. 11):

$$\text{Anzahl Stäbe} \qquad s = 9$$
$$\text{„ Knoten} \qquad k = 10$$
$$\text{„ Auflagerbed.} \quad u = 10$$

Demnach

$$2\,k - (s + u) = 1.$$

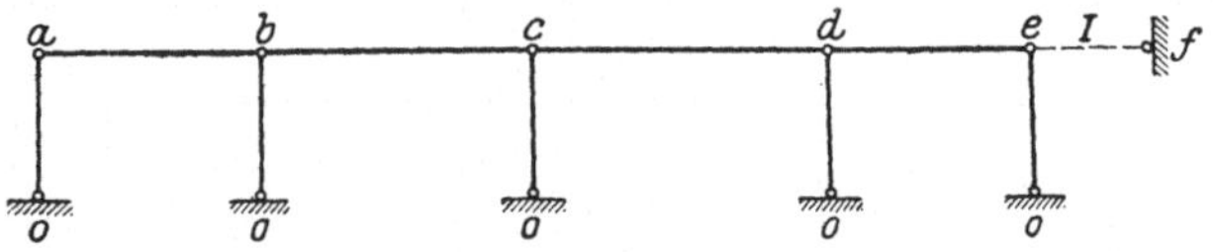

Fig. 11.

Als Zusatzstab wählen wir den in der Fig. punktierten, von e nach dem gedachten Gelenke f gehenden Stab I.

Die erste Arbeit besteht nun in der Berechnung der Koeffizienten der α-Gleichungen, d. h. der Größen k und $\varkappa$. Hierzu dient die Zusammenstellung 1.

Zusammenstellung 1.

Stab	l'	l	k'	k
oa, oe	4,0	8,0	0,25	0,125
ab, de	6,0	6,0	0,167	0,167
ob, od	4,0	8,0	0,25	0,125
bc, cd	8,0	8,0	0,125	0,125
oc	4,0	8,0	0,250	0,125

Hieraus findet man:

$$\varkappa_a = \varkappa_e = 2\,[0{,}125 + 0{,}167] = 0{,}584$$
$$\varkappa_b = \varkappa_d = 2\,[0{,}167 + 0{,}125] + 1{,}5 \cdot 0{,}125 = 0{,}771$$
$$\varkappa_c = 2 \cdot 2 \cdot 0{,}125 + 1{,}5 \cdot 1{,}25 = 0{,}668.$$

Wir erledigen zunächst die von der Belastung unabhängigen Arbeiten.

Durch Entfernung des Stabes I und Verschiebung des Angriffspunktes e nach rechts um die Strecke 1 drehen sich die Stiele sämtlich um den Winkel

$$v_{oa,1} = v_{ob,1} = \ldots = v_{oe,1} = \frac{1}{4{,}0} = 0{,}25,$$

während die wagerechten Stäbe der Knotenpunktsfigur sich nicht drehen.

Die Richtung der Verschiebung des Punktes e stimmt mit der Richtung des Zusatzstabes überein. Es ist demnach $\varphi_1 = 0$, $\cos \varphi_1 = 1{,}0$.

Die Belastungsglieder der α-Gleichungen für eine Verschiebung $x_1 = 1$ lauten demnach (Gleichung 8a)

$$N_{a1} = N_{e1} = 3 \cdot 0{,}125 \cdot 0{,}25 = 0{,}093\,75$$
$$N_{b1} = N_{c1} = N_{d1} = 1{,}5 \cdot 0{,}125 \cdot 0{,}25 = 0{,}046\,88.$$

In der Zusammenstellung 2 haben wir die α-Gleichungen in leicht verständlicher schematischer Weise aufgeschrieben. (Über die Belastungsfälle I und II später.)

Zusammenstellung 2.

Gleich. des Knotens	Unbekannte α	Koeffizienten d. Unbekannten			Belastungsglieder		
					$x_1 = 1$	Fall I	Fall II
a	a, b		0,584	0,167	0,093 75	9000	0
b	a, b, c	0,167	0,771	0,125	0,046 88	— 9000	16 000
c	b, c, d	0,125	0,688	0,125	0,046 88	0	— 16 000
d	c, d, e	0,125	0,771	0,167	0,046 88	0	0
e	d, e	0,167	0,584		0,093 75	0	0

Diese Gleichungen sind Gleichungen Clayperonscher Art und lassen sich auf graphischem Wege nach der bekannten Methode lösen.

Da diese Methode oft bei Berechnungen mit α-Gleichungen verwendet werden kann, soll die Konstruktion bei diesem Beispiele gezeigt werden. Im übrigen müssen wir, was die Beweisführung betrifft, auf die einschlägige Literatur verweisen.

Die Konstruktion ist aus der Fig. 12a bis d ersichtlich. In Figur 12a ist der Balken ae[1]) aufgetragen, und in den Punkten a, b bis e sind Vertikalen zur Balkenachse gezogen. Auf diese sind im passenden Maßstabe nach unten hin teils die Summe der Koeffizienten der betreffenden α-Gleichung, teils der dem Punkte entsprechende x-Wert aufgetragen. Z. B. hat man für den Punkt c die Summe der Koeffizienten gleich 0,938 und $x_c = 0{,}688$, welche Größen im Maßstabe 3 : 1 abgetragen die Punkte c_1 bzw. c_2 geliefert haben. Wir verbinden nun c_1 mit b und d, ziehen durch c_2 eine zur Balkenachse parallele Gerade, welche die Punkte c_3 und c_4 bestimmt. Durch diese Punkte errichten wir wieder Vertikalen. In ähnlicher Weise sind sämtliche punktierten Vertikalen gefunden.

Diese Vertikalen benutzt man nun in gleicher Weise wie die Drittel-Senkrechten beim gewöhnlichen durchlaufenden Balken zur Konstruktion der Fixpunkte r_1, r_2, r_3, r_4 und r_5.

Diese Konstruktion ist gemeinsam für alle Belastungsfälle.

Für jeden Belastungsfall wird nun der Balken ae wieder aufgetragen und die Lage der Fixpunkte eingetragen. Auf den Vertikalen durch die Punkte a, b, c, d und e werden Strecken abgesetzt, welche gleich dem Belastungsgliede der entsprechenden α-Gleichung geteilt durch die Koeffizientensumme sind, wodurch die n-Punkte bestimmt sind.

---

[1]) Sind die Trägheitsmomente verschieden, müssen die reduzierten Stablängen e und nicht die wirklichen e′ aufgetragen werden.

Durch die n-Punkte wird ein Linienzug (in den Figuren punktiert) gezogen, welcher von dem links dem ersten n-Punkt liegenden Fixpunkt ausgeht. (Der Fixpunkt r_0 fällt ins Unendliche.)

Dieser Linienzug und das Schlußlinienpolygon schneiden sich auf den Vertikalen durch die Fixpunkte. Das Schlußlinienpolygon kann demnach von rechts nach links konstruiert werden. Es schneidet auf den Unterstützungsvertikalen die entsprechenden α-Werte ab. Die erste Seite des Polygons (rechts) ist parallel zur Balkenachse. Man vergesse nicht, durch Einsetzung in die α-Gleichungen sich von der Richtigkeit der gefundenen Lösung zu überzeugen.

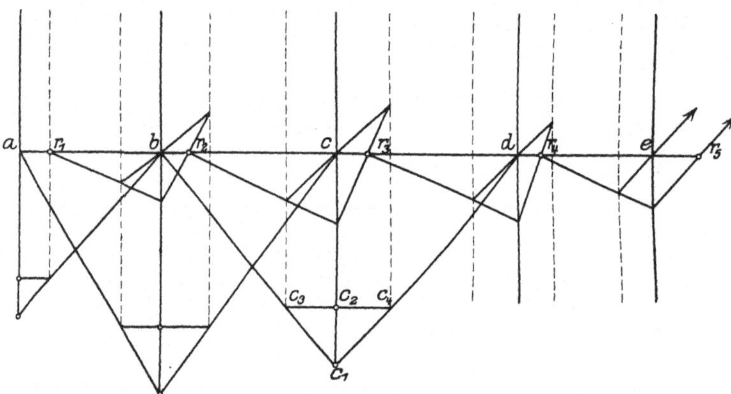

Fig. 12a.

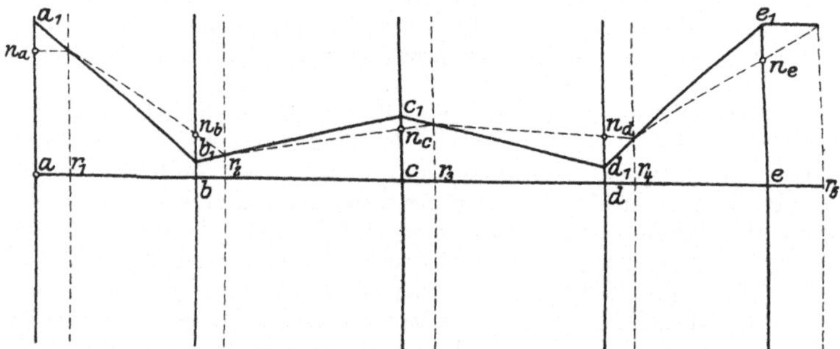

Fig. 12b. Belastungsfall $x_1 = 1$. 1 cm = 0,03 kgm².

Bei der graphischen Lösung wird der Fehler in der Regel ein paar vom Hundert betragen können. Wünscht man größere Genauigkeit, was besonders, wie bereits erwähnt, bei der Lösung der Verschiebungsgleichungen zu empfehlen ist, setze man die zuerst gefundenen Werte in die α-Gleichungen ein und bestimme hierbei die Unterschiede zwischen den wirklichen und den gefundenen Werten der Belastungsglieder. Mit diesem Unterschiede als Belastungsglieder wiederhole man die Konstruktion, und man erhält dabei einen zweiten Satz Lösungen, welche zu den erstgefundenen addiert werden, wodurch sehr genaue Werte erhalten werden.

Die graphische Lösung der Verschiebungsgleichungen für die Verschiebung $x_1 = 1$ liefert (Fig. 12 b)

$$a_1 = e_1 = 0{,}155$$
$$b_1 = d_1 = 0{,}019$$
$$c_1 = 0{,}062.$$

Die Kraft $P_{1,1}$ bestimmt sich nun nach der Gleichung (14)

$$P_{1,1} = \Sigma\, p_1 \cdot v_1 \cdot k.$$

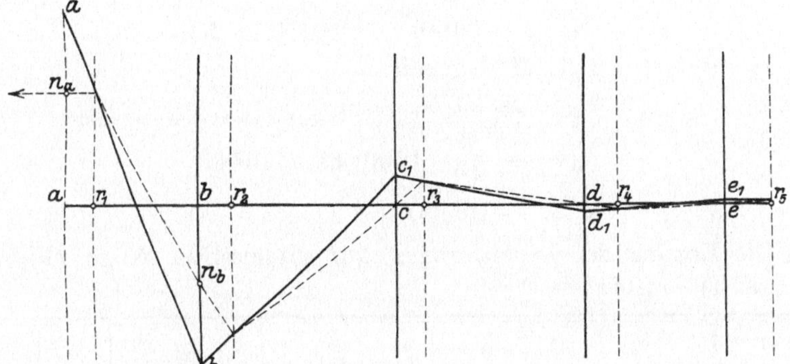

Fig. 12 c. Belastungsfall I. 1 cm = 3000 kgm².

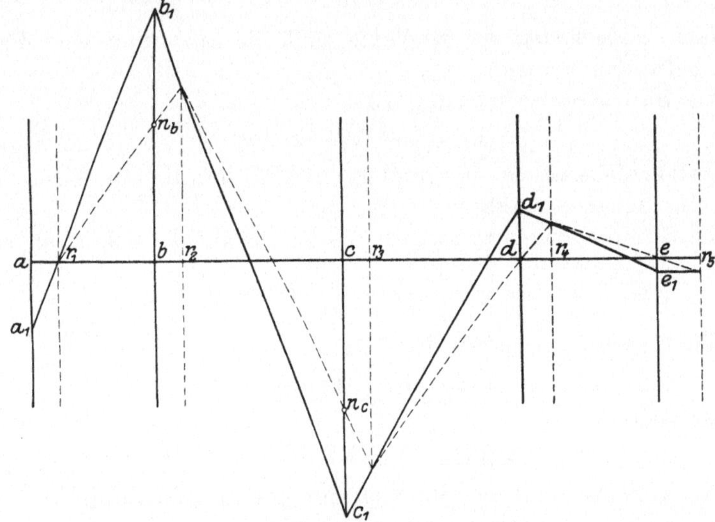

Fig. 12 d. Belastungsfall II. 1 cm = 3000 kgm².

Nur die Stiele liefern Beiträge zu dieser Summation. Wir haben (vgl. die Formeln 13 und 13 a):

$$P_{1,1} = -0{,}125 \cdot 0{,}25\left[a_1 + e_1 + \frac{1}{2}(b_1 + c_1 + d_1) - 5{,}5 \cdot v_1\right] = 0{,}032.$$

Wir betrachten nun zwei verschiedene Belastungsfälle.

Der Belastungsfall I besteht aus einer gleichmäßig verteilten Belastung von 1000 kg/m des ersten Feldes, der Belastungsfall II aus einer gleichgroßen Belastung des zweiten Feldes.

Im Belastungsfalle I findet man die Belastungsglieder:

$$N_a = + \frac{3}{12} \cdot 1000 \cdot 6^2 = 9000$$

$$N_b = -\ 9000, \quad N_c = N_d = N_e = 0.$$

Im Belastungfalle II dagegen:

$$N_a = N_d = N_e = 0$$

$$N_b = + \frac{3}{12} \cdot 1000 \cdot 8^2 = 16\,000$$

$$N_c = -\ 16\,000.$$

Die Lösung der α-Gleichungen auf graphischem Wege (Fig 12c und 12d) ergibt:

Fall	$\alpha_a{}'$	$\alpha_b{}'$	$\alpha_c{}'$	$\alpha_d{}'$	$\alpha_e{}'$
I	20 100	$-\ 16\,000$	$+\ 3\,000$	$-\ 550$	$+\ 160$
II	$-\ 7\,400$	$+\ 26\,000$	$-\ 28\,600$	$+\ 4800$	$-\ 1300$

Nach Berechnung der α'-Werte muß die Spannung des Zusatzstabes gefunden werden.

Wir haben nach Gleichung 10

$$P_1 = -\ \Sigma\, p' \cdot k \cdot v_1.$$

Die Querkraftbelastung $\dot{Q}_0$ erzeugt nämlich in diesem Falle keine Spannung des Zusatzstabes.

Die Summation erstreckt sich wieder nur auf die Stiele, sie ergibt

$$P_1 = -\left(\alpha_a{}' + \alpha_e{}' + \frac{1}{2}\,(\alpha_b{}' + \alpha_c{}' + \alpha_d{}')\right) \cdot k_{oa} \cdot v_{oa,\,1}.$$

Wir finden demnach für den Fall I

$$P_1 = -\ 0,125 \cdot 0,25 \cdot 13\,485 = -\ 421\ \text{kg}$$

und für den Fall II

$$P_1 = +\ 0,125 \cdot 0,25 \cdot 7600 = +\ 238\ \text{kg}.$$

Die Verschiebung x_1 ergibt sich nun aus der Gleichung

$$P_1 + P_{1,1} \cdot x_1 = 0,$$

also im Falle I

$$x_1 = + \frac{421}{0,032} = 13\,160,$$

im Falle II

$$x_1 = - \frac{238}{0,032} = -\ 7440.$$

Die endgültigen α-Werte ergeben sich weiter aus der Zusammenstellung 3.

Zusammenstellung 3.

	a'		$a_1 \cdot x_1$ usw.		a	
	I	II	I	II	I	II
a	20 100	— 7 400	2040	— 1152	22 140	— 8 552
b	— 16 000	+ 26 000	250	— 140	— 15 750	+ 25 860
c	+ 3 000	— 28 600	816	— 462	+ 3 816	— 29 062
d	— 550	+ 4 800	250	— 140	— 300	+ 4 660
e	+ 160	— 1 300	2040	— 1152	+ 2 200	— 2 452

Die Drehungswinkel der Stiele werden gleich groß, und zwar

$$\text{Fall I} \quad x_1 \cdot v_1 = 13\,160 \cdot 0{,}25$$
$$= 3290$$

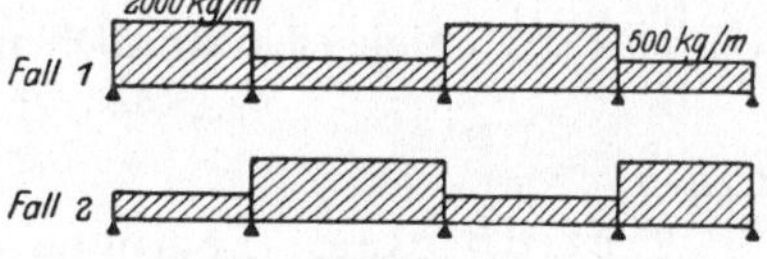

$$\text{,, II} \quad x_1 \cdot v_1 = -7440 \cdot 0{,}25$$
$$= -1860.$$

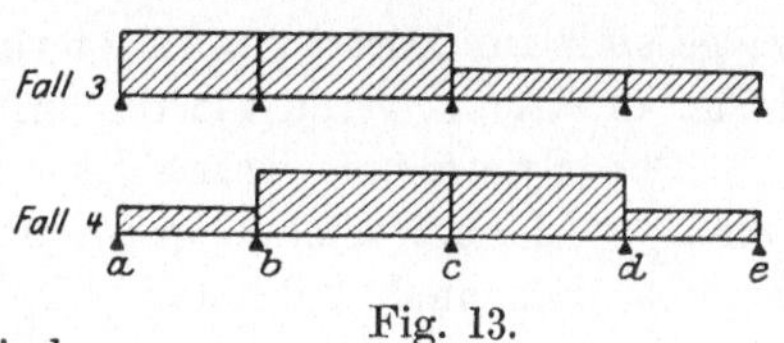

Fig. 13.

Um nun die Größtwerte der Momente usw. zu bestimmen, sind 4 verschiedene Belastungsstellungen zu berücksichtigen, welche in Fig. 13 schematisch angedeutet sind.

Die Fälle 1 und 2 sind symmetrisch.

Z. B. finden wir im Fall 2.

$$\alpha_a = \quad 0{,}5\,[22\,140 + 2452] - 2\,[8552 + 2200] \quad = -9\,208$$
$$\alpha_b = -0{,}5\,[15\,750 + 4660] + 2\,[25\,860 + 300] \quad = +42\,115$$
$$\alpha_c = +0{,}5\,[3816 + 29\,062] - 2\,[3816 + 29\,062] \quad = -49\,317$$
$$\alpha_d = -0{,}5\,[300 + 25\,860] + 2\,[15\,750 + 4660] \quad = \quad 27\,740$$
$$\alpha_e = +0{,}5\,[8552 + 2200] - 2\,[22\,140 + 2452] \quad = -7\,725,$$

während die Stiele sich drehen um:

$$u = 0{,}5\,[3290 + 1860] - 2{,}0\,[3290 + 1860]$$
$$= -7\,725.$$

Anm. Die Ansicht, daß bei senkrechter Belastung eines mehrstieligen Rahmens keine Verschiebung der Knoten erfolgt, auf welche Ansicht die Berechnung mehrfach in der Literatur aufgebaut wird, ist demnach falsch. Nur bei symmetrischer Anordnung und symmetrischer Belastung ist die Knotenpunktverschiebung Null.

Auf die im Paragraphen 9 geschilderte Weise werden nun die Resultate der Berechnung dargestellt, sowohl für den Fall 1 (und 2) wie für die Fälle 3 und 4. Die größten hierbei gefundenen Beanspruchungen werden der Dimensionierung zugrunde gelegt.

Einfluß einer horizontalen Kraft. Eine im Punkte e angreifende horizontal nach links gerichtete Kraft von 1000 kg erzeugt eine Spannung im Zusatzstabe von:

$$P_1 = P_1^0 = + 1000 \text{ kg.}$$

Da die Belastung in einem Knoten angreift, entstehen keine Winkeldrehungen α'.

Die wagerechte Verschiebung des Punktes e beträgt demnach

$$x_1 = - \frac{1000}{0,032} = - 31\,200 \, .$$

Die hieraus resultierenden α-Werte sind:

$$\alpha_a = \alpha_e = - 0,155 \cdot 31\,200 = - 4836$$
$$\alpha_b = \alpha_d = - 0,019 \cdot 31\,200 = - 593$$
$$\alpha_c = - 0,062 \cdot 31\,200 = - 1934,$$

während die Stiele sich sämtlich um

$$- 0,25 \cdot 31\,200 = - 7800$$

drehen.

Einfluß einer Temperaturvariation. Der obere Balken möge sich im Mittel um 15^0 erwärmen, wobei die obere Seite um 10^0 höher erwärmt werde wie die untere.

Der Symmetrie wegen ist es vorderhand klar, daß der Knotenpunkt c hierbei seine Lage nicht ändert. Der Knotenpunkt b verschiebt sich nach links und der Knotenpunkt d nach rechts um die Strecke:

$$6 \, E \, I_0 \cdot \varepsilon \cdot t \cdot l'_{bc} \, .$$

Da die α-Werte im vorhergehenden in den Einheiten kg und m (Dimension $\text{kg} \cdot \text{m}^2$) ausgedrückt sind, müssen wir auch hier sämtliche Größen in diesen Einheiten ausdrücken.

Es möge nun sein:

$$E = 200\,000 \text{ kg/cm}^2$$
$$J_0 = 800\,000 \text{ cm}^4$$
$$\varepsilon = 12 \cdot 10^{-6}.$$

Es ist dann

$$6 \, E \, J_0 \cdot \varepsilon = 1152 \text{ kgm}^2$$

und die Verschiebung

$$1152 \cdot 15 \cdot 8 = 138\,240.$$

Die Verschiebung der Knoten a und e bzw. nach links und rechts beträgt

$$1152 \cdot 15 \cdot 14 = 241\,920.$$

Es drehen sich hierbei die Stiele um:

$$u'_{o\,a} = - u'_{o\,e} = - 0.25 \cdot 241\,920 = - 60\,480$$
$$u'_{o\,b} = - u'_{o\,d} = - 0,25 \cdot 138\,240 = - 34\,560$$
$$u'_{o\,c} = 0.$$

Der Beitrag der gleichmäßigen Temperaturbelastung zu den Belastungsgliedern der α-Gleichung ist demnach

$$N_a = - N_e = - \quad 3 \cdot 0{,}125 \cdot 60\,480 = - 22\,680$$
$$N_b = - N_d = -1{,}5 \cdot 0{,}125 \cdot 34\,560 = - \quad 6\,475$$
$$N_c = 0.$$

Durch die ungleichmäßige Erwärmung entsteht:

$$N_a = - 3\,\tau_{ab} = - 3\,E\,J_0 \cdot \varepsilon \cdot \frac{\Delta t}{h}.$$

Die Balkenhöhe möge sein 0,60 m, demnach $h = 0{,}60$ m und

$$N_a = - 576\,\frac{10}{0{,}6} = - 9600.$$

Ferner

$$N_b = - 3\,\tau_{ba} \div 3\,\tau_{bc} = 0 = N_c = N_d$$
$$N_e = + 9600.$$

Im ganzen entsteht demnach durch die Temperaturvariation:

$$N_a = - N_e = - 32\,280$$
$$N_b = - N_d = - \quad 6475$$
$$N_c = 0.$$

Die Lösung der α-Gleichungen mit dieser Belastung ergibt

$$\alpha_a = - \alpha_e = - 56\,450$$
$$\alpha_b = - \alpha_d = + \quad 3\,800$$
$$\alpha_c = 0.$$

Diese Werte sind schon die endgültigen α-Werte der Temperatur. In Verband mit den oben berechneten u'-Werten liefern sie die nötige Grundlage für das Aufzeichnen der Momenten- und Querkraftkurven nach der im Abschnitte 9 dargestellten Weise.

Beispiel 2. Berechnung des Binders eines Hafenschuppens. Als Beispiel zur Berechnung eines Systems mit mehrfacher

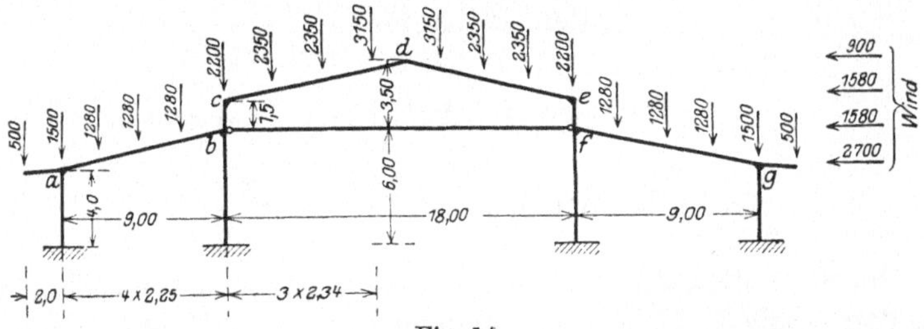

Fig. 14.

Bewegungsmöglichkeit sei der in Fig. 14 dargestellte Binder eine Hafenschuppens gewählt. Die Stiele des Binders mögen am Fuße vollständig eingespannt sein. Das Trägheitsmoment sei für sämtliche täbe gleich groß angenommen. Zwischen den Knoten b und f ist eine Zugstange eingeschoben.

Es soll die Beanspruchung durch Eigengewicht und Winddruck von rechts ermittelt werden.

Die Knotenpunktsfigur des Systems hat 3 Bewegungsmöglichkeiten. Wir haben nämlich:

$$s = 11, \quad k = 11, \quad u = 8,$$

demnach

$$2\,k - (s + u) = 3.$$

Die Zusatzstäbe I, II und III sind wie aus der Fig. 15 ersichtlich hinzugefügt.

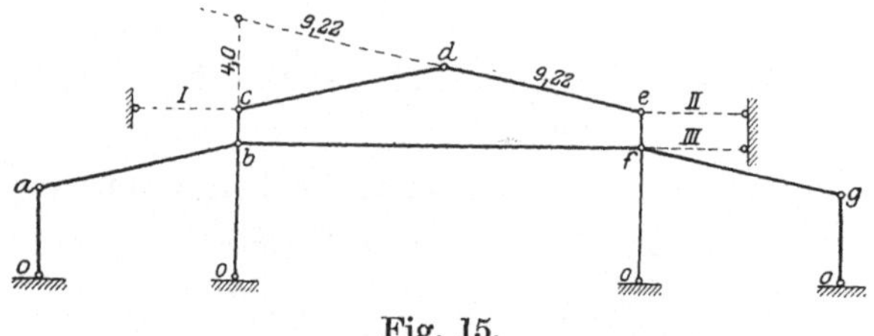

Fig. 15.

Anm. Bei Systemen mit mehrfacher Bewegungsmöglichkeit sorge man, soweit möglich, für eine symmetrische Anordnung der hinzugefügten Stäbe, da die Berechnung hierbei erleichtert wird.

Durch Entfernung dieser Stäbe der Reihe nach und Ausführung der Verschiebungen $x_1 = 1$, $x_2 = 1$ und $x_3 = 1$ entstehen die in Zusammenstellung 1 aufgeführten Winkeldrehungen v_1, v_2 und v_3.

Wird der Stab I entfernt, lassen sich allein die Stäbe b c, c d und d e bewegen. Den Drehpol des Stabes c d findet man durch Verlängerung der Geraden b c und d e bis zum Schnitte. Bewegt man nun c um die Strecke 1 nach links, dreht sich dabei

$$b\,c \text{ um den Winkel } -\frac{1}{1,5} = -0{,}667 ,$$

$$c\,d \text{ um den Winkel } +\frac{1}{4,0} = +0{,}25 .$$

$$d\,e \text{ um den Winkel } -0{,}25\,\frac{9,22}{9,22} = -0{,}25 .$$

Durch Entfernung des Stabes II entstehen Drehungen, welche mit den soeben ermittelten symmetrisch sind (Vorzeichenwechsel).

Entfernt man schließlich den dritten Zusatzstab, lassen sich sämtliche Stäbe, ausgenommen c d und d e, verschieben. Es drehen sich aber nur die vertikalen Stäbe, da die Punkte a, b, f und g sich in horizontaler Richtung bewegen.

Zusammenstellung 1.

Stab	v_1	v_2	v_3	$3\,k\,v_1$	$3\,k\,v_2$	$3\,k\,v_3$
ao	0	0	+ 0,250	—	—	+ 0,1875
ab	0	0	0	—	—	—
bo	0	0	+ 0,167	—	—	0,0833
bc	— 0,667	0	— 0,667	— 1,3333	—	— 1,3333
cd	+ 0,250	+ 0,25	0	+ 0,0810	+ 0,0810	—
ee	— 0,250	— 0,25	0	— 0,0810	— 0,0810	—
fd	0	+ 0,667	— 0,667	—	+ 1,3333	— 1,3333
fo	0	0	+ 0,167	—	—	+ 0,0833
fg	0	0	0	—	—	—
go	0	0	+ 0,250	—	—	0,1875

Die k- und $\varkappa$-Werte des Systems sind aus der Zusammenstellung 2 zu ersehen.

Zusammenstellung 2.

	$l' = 1$	$k' = k$			$\varkappa$	
ao	4,00	0,250	go	a	0,716	g
bo	6,00	0,167	fo	b	1,884	f
ab	9,22	0,108	gf	c	1,550	e
bc	1,50	0,667	ef	d	0,432	
cd	9,22	0,108	de			

Die α-Gleichungen der Verschiebungen $x_1 = 1$ usw. lauten dann in derselben schematischen Weise wie im vorigen Beispiele aufgeschrieben.

Zusammenstellung 3.

Gleichung d. Knoten	Unbekannte a	Koeffizienten			N_1	N_2	N_3	Lösung		
a	a, b	—	0,716	0,108	0	0	0,1875	+ 0,075	+ 0,004	0,328
b	a, b, c	0,108	1,884	0,667	— 1,333	0	— 1,250	— 0,498	— 0,027	— 0,435
c	b, c, d	0,667	1,550	0,108	— 1,252	+ 0,081	— 1,333	— 0,606	+ 0,076	— 0,698
d	c, d, e	0,108	0,432	0,108	0	0	0	+ 0,170	— 0,170	+ 0,349
e	d, e, f	0,108	1,550	0,667	— 0,0810	+ 1,252	— 1,333	— 0,076	+ 0,606	— 0,698
f	e, f, g	0,667	1,884	0,108	0	+ 1,333	— 1,250	0,027	+ 0,498	— 0,435
g	f; g	0,108	0,716	—	0	0	+ 0,1875	— 0,004	— 0,075	+ 0,328

Die Auflösung dieser Gleichungen kann wie im vorigen Beispiele auf graphischem Wege geschehen, da sie Clayperonscher Art sind.

Eine Vereinfachung erzielt man durch Bildung zweier neuer Gleichungssysteme, welche teils durch Summation, teils durch Subtraktion je zweier symmetrischer Gleichungen gewonnen werden.

In dem ersten System treten als Unbekannte auf die Summe der α-Werte (a + g), (b + f), (c + e) und 2 d, in dem zweiten System die Differenz der α-Werte (a — g), (b — f) und (c — e).

Diese Gleichungssysteme sind wieder Gleichungen der Clayperonschen Art, lassen sich demnach auch graphisch auflösen. Wegen der geringeren Anzahl unbekannter Größen wird jedoch in diesem Fall eine analytische Auswertung vielleicht schneller zum Ziele führen.

Die Lösung der Gleichungen ist in der Zusammenstellung 3 angegeben.

Es folgt nun in der Zusammenstellung 4 die Berechnung der Größen P mit doppeltem Index. Bei dieser Berechnung brauchten die Stäbe ab und fg nicht mitgenommen zu werden, da für diese Stäbe die v-Werte sämtlich gleich Null sind.

Zusammenstellung 4.

Stab	$k \cdot p_1$	$k \cdot p_3$	$k \cdot p_3 \cdot v_3$	$k \cdot p_1 \cdot v_1$	$k \cdot p_1 \cdot v_2$	$k \cdot p_1 \cdot v_3$	$k \cdot p_3 \cdot v_1$
o a	0,0188	− 0,0305	− 0,0108	—	—	0,0047	—
o b	− 0,0830	− 0,1280	− 0,0213	—	—	− 0,0138	—
b c	+ 0,1527	+ 0,1333	− 0,0889	− 0,1018	—	− 0,1018	− 0,0889
c d	− 0,1007	− 0,0377	—	− 0,0252	− 0,0252	—	− 0,0094
d e	+ 0,0641	− 0,0377	—	− 0,0160	− 0,0160	—	+ 0,0094
e f	− 0,0327	+ 0,1333	− 0,0889	—	− 0,0218	+ 0,0218	—
f o	+ 0,0045	− 0,1280	− 0,0213	—	—	+ 0,0007	—
g o	− 0,0010	− 0,0305	− 0,0108	—	—	− 0,0003	—
	$\Sigma =$		− 0,2422	− 0,1430	− 0,0630	− 0,0887	− 0,0889

Die Verschiebungsrichtungen x_1, x_2 und x_3 stimmen mit den Richtungen der Stäbe I, II und III überein. Wir haben demnach $\varphi_1 = \varphi_2 = \varphi_3 = 0$ und

$$P_{1,1} = P_{2,2} = + 0{,}1430$$
$$P_{1,2} = P_{2,1} = + 0{,}0630$$
$$P_{1,3} = P_{3,1} = + 0{,}0888 = -P_{2,3} = -P_{3,2}$$
$$P_{3,3} = + 0{,}2422.$$

Die Gleichungen zur Berechnung der Verschiebungen x lassen sich wegen der vorhandenen Symmetrie vereinfachen.

Sie lauten unter Beachtung, daß $P_{1,1} = P_{2,2}$ usw.

$$-P_1 = P_{1,1} \cdot x_1 + P_{1,2} \cdot x_2 + P_{1,3} \cdot x_3$$
$$-P_2 = P_{1,2} \cdot x_1 + P_{1,1} \cdot x_2 - P_{1,3} \cdot x_3$$
$$-P_3 = P_{1,3} \cdot x_1 - P_{1,3} \cdot x_2 + P_{3,3} \cdot x_3.$$

Wird die zweite Gleichung von der ersten abgezogen, erhält man unter Berücksichtigung der letzten:

$$-(P_1 - P_2) = -\left(\frac{P_{1,1} - P_{1,2}}{P_{1,3}}\right)(P_3 + P_{3,3} \cdot x_3) + 2 \cdot P_{1,3} \cdot x_3,$$

aus welcher Gleichung x_3 unmittelbar gefunden werden kann.

Nach Berechnung von x_3 findet man x_1 und x_2 aus den Gleichungen

$$- (P_1 + P_2) = (P_{1,1} + P_{1,2}) (x_1 + x_2)$$
$$- (P_1 - P_2) = (P_{1,1} - P_{1,2}) (x_1 - x_2) + 2\,P_{1,3} \cdot x_3.$$

Die von der Belastung unabhängigen Arbeiten sind hiermit erledigt, und wir können dazu übergehen, die verschiedenen Belastungsfälle zu behandeln.

a) **Eigengewicht.** Das Eigengewicht des Binders möge 500 kg/m betragen, während die durch sekundäre Balken übergebrachten Belastungen aus der Zeichnung Fig. 14 zu entnehmen sind.

Wir haben somit (unter Zuhilfenahme der Zahlenwerte der Tabellen im Anhang)

$$M^0_{ab} = - M^0_{ba} = M^0_{fg} = - M^0_{gf} = - \frac{1}{12} \cdot 500 \cdot 9 \cdot 9,22 - \frac{5}{16} \cdot 1280 \cdot 9$$
$$= - 7065.$$

Durch den Kragarm wird übertragen:

$$M_a = + 500 \cdot 2,0 + 500 \cdot \frac{2,0^2}{2} = + 2000 = M_f.$$

Ferner ist

$$M^0_{cd} = - \frac{1}{12} \cdot 500 \cdot 9,0 \cdot 9,22 - 2350\,[0,1424 + 0,1198] \cdot 9$$
$$- 3150 \cdot 0,0378 \cdot 9 = - 10092 = - M^0_{ed}.$$

$$M^0_{dc} = + \frac{1}{12} \cdot 500 \cdot 9,0 \cdot 9,22 + 2350\,[0,0500 + 0,1298] \cdot 9$$
$$+ 3150 \cdot 0,1338 \cdot 9 = + 10\,746 = - M^0_{de}.$$

Hieraus ergibt sich

$$N_a = - N_g = 3\,[7065 - 2000] = 15\,195$$
$$N_b = - N_f = - 3 \cdot 7065 = - 21\,195$$
$$N_c = - N_e = 3 \cdot 10\,092 = 30\,276$$
$$N_d = 0.$$

Der Symmetrie wegen muß sein $\alpha_d' = 0$, $\alpha_a' = - \alpha_g'$ usw.

Wir können demnach die α-Gleichungen der Belastung wie folgt aufschreiben:

Gleichung der Knoten	Unbekannte α'	Koeffizienten			N
a	a, b	—	0,716	0,108	+ 15 195
b	a, b, c	0,108	1,884	0,667	− 21 195
c	b, c	0,667	1,550	—	+ 30 276

Die Lösung dieser Gleichungen ergibt:

$$\alpha_a' = -\alpha_g' = \quad 24\,700$$
$$\alpha_b' = -\alpha_f' = -\,23\,050$$
$$\alpha_c' = -\alpha_e' = +\,29\,400$$
$$\alpha_d' = 0.$$

Wird nun, um die Spannungen der Zusatzstäbe zu bestimmen, das Knotenpunktsystem mit den Querkräften des Stabsystems belastet, findet man:

α) **Spannungen P^0.** Wegen der Symmetrie wird $P_3^0 = 0$, $P_1^0 = P_2^0$.

Die Querkräfte betragen

$$Q_{dc}^0 = -Q_{de}^0 = -\left[500 \cdot \frac{9,22}{2} + 2350\,[0,1676 + 0,5300] + 3150 \cdot 0,8761\right]\cos\varphi$$
$$= -\,6700 \cdot 0,976 = -\,6525\ \text{kg.}$$

$$Q_{cd}^0 = -Q_{ed}^0 = +\left[500 \cdot \frac{9,22}{2} + 2350\,[0,8324 + 0,4700] + 3150 \cdot 0,1239\right]\cos\varphi$$
$$= 5755 \cdot 0,976 = 5600\ \text{kg.}$$

Die in die Stabachse cd fallende Belastungskomponente beträgt:
$$R = (6700 + 5755) \cdot \sin\varphi = 2700\ \text{kg.}$$

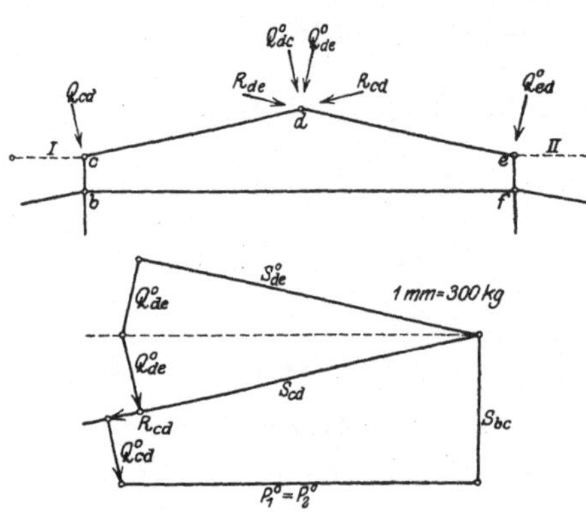

Fig. 16.

In Fig. 16 sind diese Kräfte auf dem Knotenpunktsystem angebracht. Die übrigen Querkräfte erzeugen keine Spannungen der Stäbe I und II und wurden deshalb nicht berücksichtigt. In derselben Figur ist ein Kräfteplan gezeichnet, wobei die Spannkraft des Stabes I gefunden wird:

$$P_1^0 = P_2^0 = -\,30\,150\ \text{kg.}$$

Die Spannung ist Druck, daher das negative Vorzeichen.

β) **Spannkräfte P'.** Wir haben ebenfalls auf Grund der Symmetrie

$$P_1' = P_2' \quad \text{und} \quad P_3' = 0.$$

Die Spannkraft P_1' wird nach Gleichung (10)

$$P_1' = -\,[p_{bc}' \cdot k_{bc} \cdot v_{bc,1} + p_{cd}' \cdot k_{cd} \cdot v_{cd,1} + p_{de}' \cdot k_{de} \cdot v_{de,1}]$$
$$= +\,6350 \cdot 0,667^2 - 29\,400 \cdot 0,108 \cdot 0,25 - 29\,400 \cdot 0,108 \cdot 0,25$$
$$= +\,1260.$$

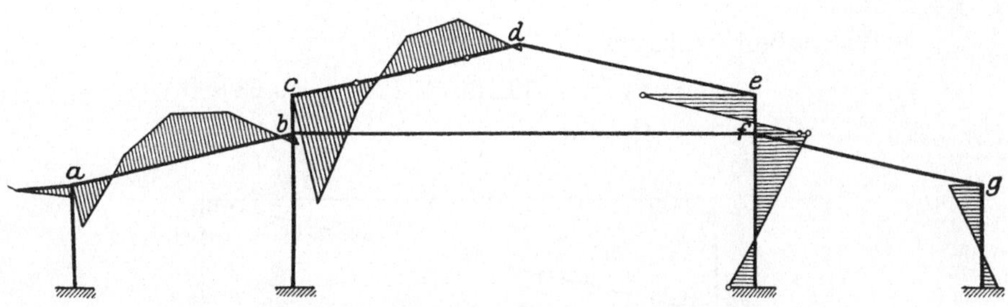

Fig. 17a. Darstellung der Momente für Eigengewicht.

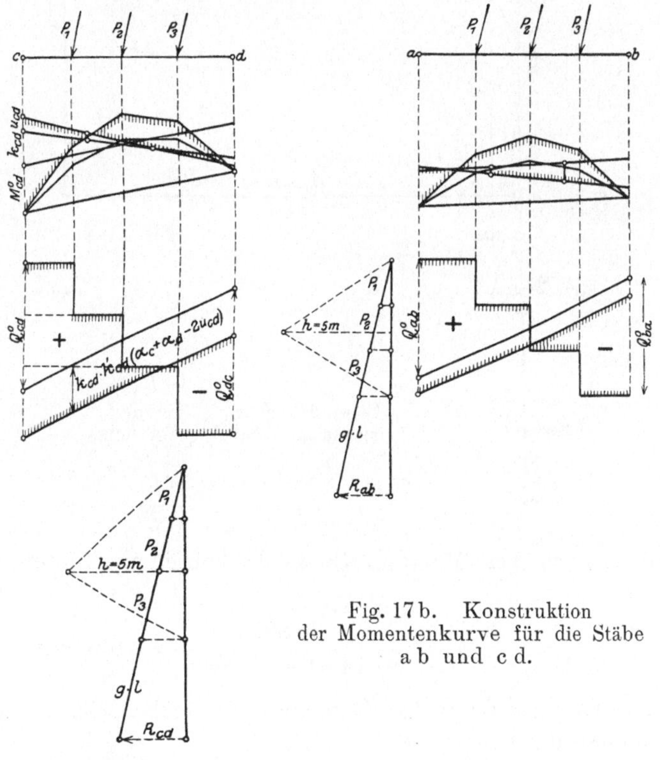

Fig. 17b. Konstruktion
der Momentenkurve für die Stäbe
a b und c d.

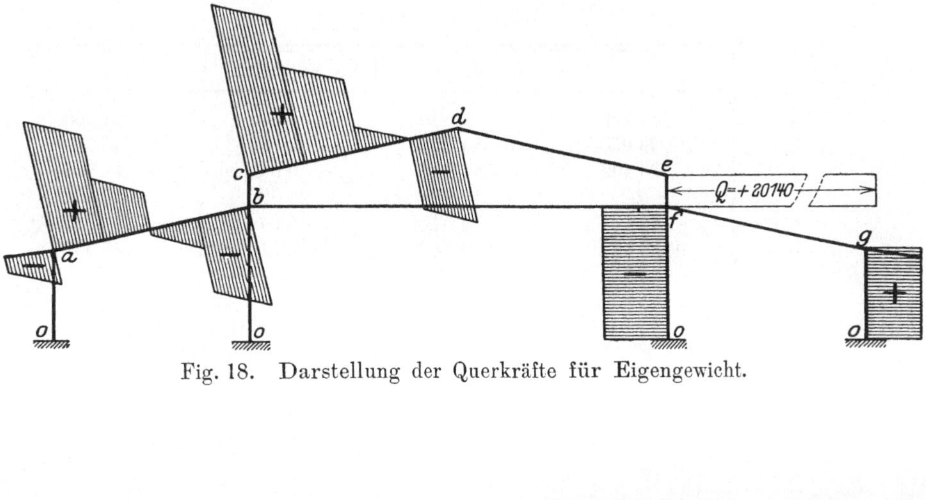

Fig. 18. Darstellung der Querkräfte für Eigengewicht.

Wir haben demnach:

$$P_1 = P_2 = -30\,150 + 1260 = -28\,890$$
$$P_3 = 0.$$

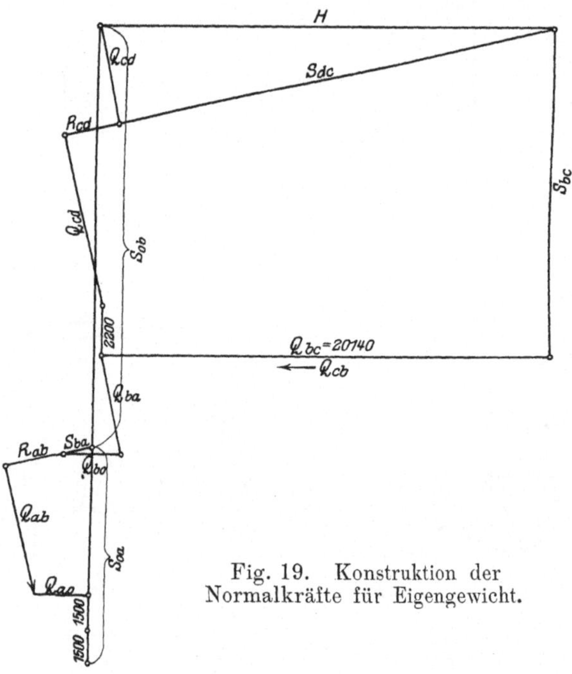

Fig. 19. Konstruktion der
Normalkräfte für Eigengewicht.

Führen wir diese Werte in die x-Gleichungen ein, findet man:

$$x_3 = 0$$
$$x_1 = x_2 = +\frac{28\,890}{0 \cdot 1430 + 0,0630} = 140\,000\,.$$

Die endgültigen α-Werte für Eigengewicht ergeben sich nun aus der
Zusammenstellung 5.

Zusammenstellung 5.

	a'	$a_1 \cdot x_1$ usw.	$a_2 \cdot x_2$ usw.	α
a	24 700	10 500	560	35 760
b	− 23 050	− 69 720	− 3 780	− 96 550
c	29 400	− 84 840	+ 10 640	− 44 800
d	0	+ 23 900	− 23 900	0
e	− 29 400	− 10 640	+ 84 840	+ 44 800
f	+ 23 050	+ 3 780	− 69 720	+ 96 550
g	− 24 700	− 560	− 10 500	− 35 760

Die Winkeldrehungen der Stäbe sind

$$u_{bc} = - u_{ef} = - 0{,}667 \cdot 140\,000 = - 93{,}330$$
$$u_{cd} = - u_{de} = 2 \cdot 0{,}25 \cdot 140\,000 = + 70\,000.$$

In Fig. 17—19 ist gezeigt, wie diese Werte nach der im Paragraphen 9 dargestellten Methode zur Konstruktion der Moment- und Querkraftkurven benutzt sind. Ebenfalls sind die Normalkräfte mit Hilfe eines Kräfteplanes gefunden.

Der Maßstab für Längen beträgt 1 cm = 1,5 m, für Kräfte 1 cm = 1500 kg und für Momente 1 cm = 7500 kg/m.

b) Winddruck. Die Größe der Winddruckkräfte, welche hier der Einfachheit halber auf die Knotenpunkte verteilt wurden, findet man in Fig. 14 eingeschrieben. Die Richtung wurde horizontal angenommen.

Anm. Diese Verteilung der Winddruckkräfte soll nicht als mustergültig hingestellt werden, sie wurde hier gemacht, um die Einwirkung von in den Knoten wirkenden Kräften zu zeigen.

Kräfte, welche nur in den Knotenpunkten angreifen, erzeugen keine α'-Werte, die Spannungen P der Zusatzstäbe sind somit gleich den Spannungen P^0.

Man findet sofort

$$P_1 = P_1^0 = - 450$$
$$P_2 = P_2^0 = + 450 + 1580 = 2030$$
$$P_3 = P_3^0 = 1580 + 2700 = 4280.$$

Durch Einführung dieser Werte in die x-Gleichungen ergibt sich:

$$2480 = - \frac{0{,}143 - 0{,}063}{0{,}0888} [4280 - 0{,}2422 \cdot x_3] + 0{,}1776 \cdot x_3 ,$$

woraus

$$x_3 = - 156\,000.$$

Ferner

$$-1580 = 0{,}2060 (x_1 + x_2)$$
$$2480 = 0{,}0800 (x_1 - x_2) - 0{,}1776 \cdot 156\,000.$$

Lösen wir diese Gleichungen nach x_1 und x_2, ergibt sich

$$x_1 = + 184\,800$$
$$x_2 = - 192\,500.$$

Die entsprechenden α-Werte sind in der Zusammenstellung 6 berechnet:

Zusammenstellung 6.

	$a_1 \cdot \mathbf{X}_1$	$a_2 \cdot \mathbf{X}_2$	$a_3 \cdot \mathbf{X}_3$	a
a	13 880	$-$ 770	$-$ 51 200	$-$ 38 090
b	$-$ 92 100	$+$ 5 200	$+$ 67 900	$-$ 19 000
c	$-$ 112 100	$-$ 14 620	$+$ 109 000	$-$ 17 720
d	$+$ 31 400	$+$ 32 700	$-$ 54 400	$+$ 9 700
e	$-$ 14 100	$-$ 116 800	$+$ 109 000	$-$ 21 900
f	$+$ 4 980	$-$ 96 000	$+$ 67 900	$-$ 23 120
g	$-$ 740	$+$ 14 420	$-$ 51 200	$-$ 37 520

Die u-Werte ergeben sich zu:

$$u_{oa} = u_{og} = -0,25 \cdot 156\,000 = -39\,000$$
$$u_{ob} = u_{of} = -0,167 \cdot 156\,000 = -26\,000$$
$$u_{bc} = -0,667\,(184\,000 - 156\,000) = -19\,200$$
$$u_{cd} = -u_{de} = 0,25\,(184\,800 - 192\,500) = -1925$$
$$u_{ef} = +0,667\,(-192\,500 + 156\,000) = -24\,300.$$

Nach Ermittlung der α- und u-Werte lassen sich die Momente, die Querkräfte und Normalkräfte genau wie für Eigengewicht bestimmen.

Beispiel 3. Der mehrstöckige Rahmen mit 2 Stielen.
Die Fig. 20 zeigt einen vierstöckigen Rahmen mit 2 Stielen. Die Auf-

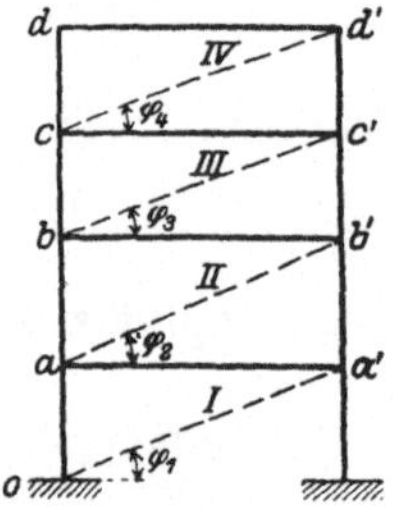

Fig. 20.

lagerung am Fuße ist als eine feste Einspannung gedacht. Bei gelenkartiger Auflagerung ändert sich die Berechnungsweise nicht. Bei mehrstöckigem Rahmenwerke besitzt die Knotenpunktsfigur im allgemeinen ebensoviel Bewegungsmöglichkeiten wie die Anzahl der Geschosse.

Als Zusatzstäbe wählen wir hier die in der Fig. punktiert angedeuteten Diagonalen I bis IV.

Wir setzen Symmetrie um die lotrechte Mittellinie voraus, welchem Falle die Unbekannten der α-Gleichungen zweier symmetrischer Knoten dieselben Koeffizienten erhalten. Z. B. erhalten wir für die Knoten a und a′ die Gleichungen:

$$\varkappa_a \cdot \alpha_a + k_{ab} \cdot \alpha_b + k_{aa'} \cdot \alpha_{a'} = N_a$$
$$\varkappa_a \cdot \alpha_{a'} + k_{ab} \cdot \alpha_{b'} + k_{aa'} \cdot \alpha_a = N_{a'}.$$

Setzen wir nun zur Abkürzung

$$\alpha_a + \alpha_{a'} = \alpha_{a+a'} \text{ usw.,}$$

erhalten wir durch Summation dieser Gleichungen

$$(\varkappa_a + k_{aa'})\,\alpha_{a+a'} + k_{ab} \cdot \alpha_{b+b'} = N_a + N_{a'}.$$

Die α-Gleichungen für die Knoten b und b′ liefern

$$k_{ab} \cdot \alpha_{a+a'} + (\varkappa_b + k_{bb'}) \cdot \alpha_{b+b'} + k_{ac} \cdot \alpha_{c+c'} = N_b + N_{b'}.$$

Analoge Gleichungen werden für die übrigen Knoten gefunden.

Wir haben somit auf diesem Wege ein Gleichungssystem der Clayperonschen Art gewonnen, welches sich entweder analytisch oder graphisch einfach lösen läßt.

Ein zweites ähnliches System wird durch Subtraktion der symmetrischen α-Gleichungen erhalten. Mit den Bezeichnungen

$$\alpha_{a-a'} = \alpha_a - \alpha_{a'} \quad \text{usw.}$$

ergibt sich in dieser Weise

$$(\varkappa_a - k_{aa'}) \cdot \alpha_{a-a'} + k_{ab} \cdot \alpha_{b-b'} = N_a - N_{a'}$$

$$k_{ab} \cdot \alpha_{a-a'} + (\varkappa_b - k_{bb'}) \cdot \alpha_{b-b'} + k_{bc} \cdot \alpha_{c-c'} = N_b - N_{b'} \quad \text{usw.}$$

Nach Auflösung beider Gleichungssysteme erhält man

$$\alpha_a = \frac{1}{2} (\alpha_{a+a'} + \alpha_{a-a'})$$

$$\alpha_{a'} = \frac{1}{2} (\alpha_{a+a'} - \alpha_{a-a'}) \quad \text{usw.}$$

Durch Entfernung einer der hinzugefügten Diagonalen entsteht im Knotenpunktsystem eine Bewegungsmöglichkeit, wobei sich jedesmal aber nur die Stiele des Geschosses, aus welchem die Diagonale entfernt wurde, drehen. Die Richtung der Verschiebung schließt mit der Richtung des Zusatzstabes einen Winkel φ ein.

Entfernt man z. B. die Diagonale II und verschiebt den Knoten b' um die Strecke $x_2 = 1$, so drehen sich die Stiele um den Winkel

$$-\frac{1}{l'_{ab}} = -k'_{ab}.$$

Die Belastungsglieder der α-Gleichungen für eine Verschiebung $x_2 = 1$ lauten demnach:

$$N_a = N_b = N_{a'} = N_{b'} = -3 \cdot k'_{ab} \cdot k_{ab},$$

alle übrigen Belastungsglieder werden gleich Null.

Für diese spezielle Belastung liefern die Subtraktionsgleichungen

$$a_2 = a_2', \quad b_2 = b_2' \quad \text{usw.},$$

während die Additionsgleichungen lauten

$$(\varkappa_a + k_{aa'}) \cdot a_2 + k_{ab} \cdot b_2 = -3 \cdot k'_{ab} \cdot k_{ab}$$

$$k_{ab} \cdot a_2 + (\varkappa_b + k_{bb'}) \cdot b_2 + k_{bc} \cdot c_2 = -3 \cdot k'_{ab} \cdot k_{ab}$$

$$k_{bc} b_2 + (\varkappa_c + k_{cc'}) \cdot c_2 + k_{cd} \cdot d_2 = 0$$

$$\text{usw.}$$

In ähnlicher Weise schreiben sich die α-Gleichungen der Verschiebungen $x_1 = 1$, $x_3 = 1$ usw.

(Bei gelenkartiger Auflagerung lauten die Belastungsglieder der Verschiebung $x_1 = 1$ $N_a = N_b = -1,5 \cdot k_{oa} \cdot k'_{oa}$).

Die Auflösung dieser Gleichungen liefert die Koeffizienten

$$a_1\, b_1\, c_1\, \ldots\ldots\ldots$$

$$a_2\, b_2\, c_2\, \ldots\ldots\ldots\ldots \quad \text{usw.}$$

Die Kräfte P mit Doppelzeiger ergeben sich nun nach Gleichung (14)

$$P_{1,\,1} = \frac{2}{\cos \varphi_1}\,(a_1 + 2\,k'_{a\,o}) \cdot k_{o\,a} \cdot k'_{o\,a}$$

$$P_{1,\,2} = \frac{2}{\cos \varphi_1} \cdot a_2 \cdot k_{o\,a} \cdot k'_{o\,a}$$

$$P_{2,\,1} = \frac{2}{\cos \varphi_2}\,(a_1 + b_1) \cdot k_{a\,b} \cdot k'_{a\,b}$$

$$P_{2,\,2} = \frac{2}{\cos \varphi_2}\,(a_2 + b_2 + 2\,k'_{a\,b})\,k_{a\,b} \cdot k'_{a\,b}$$

$$\text{usw.}$$

Bei gelenkartiger Auflagerung heißen die Formeln für die Spannungen des Stabes I

$$P_{1,\,1} = \frac{1}{\cos \varphi_1}\,(a_1 + k'_{a\,o})\,k_{o\,a} \cdot k'_{o\,a}$$

$$P_{1,\,2} = \frac{1}{\cos \varphi_1} \cdot a_2 \cdot k_{o\,a} \cdot k'_{o\,a}$$

$$\text{usw.}$$

Die Spannung eines Zusatzstabes, z. B. des Stabes II, infolge der Belastung wird

$$= P_{II}{}^0 + \frac{1}{\cos \varphi_2}\,(\alpha'_a + a' + \alpha'_b + b') \cdot k_{a\,b} \cdot k'_{a\,b}.$$

Bei senkrechter Belastung werden die P^0 gleich Null.

Nachdem sowohl die Größen P als die P mit Doppelzeiger nach diesen Formeln berechnet sind, können die x-Gleichungen gelöst werden und schließlich die endgültigen α- und u-Werte ermittelt werden.

Eine ganz ähnliche Berechnungsweise findet man bei der Berechnung von Vierendeelbalken mit parallelen Gurtungen, vorausgesetzt, daß Symmetrie um eine in halber Trägerhöhe gezogene Gerade vorhanden ist. Die Fig. 21 zeigt einen solchen Balken mit 6 Durchbrechungen.

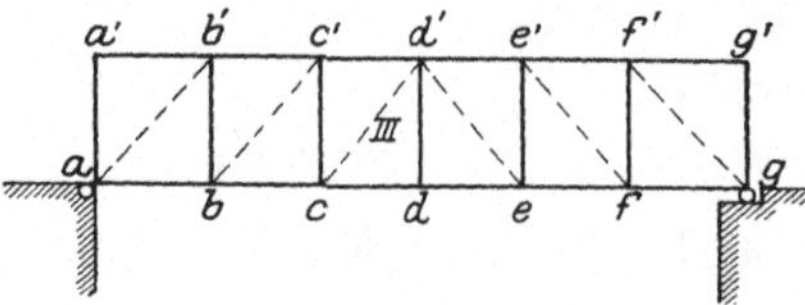

Fig. 21.

Die Anzahl der Bewegungsmöglichkeiten stimmt mit derjenigen der fehlenden Diagonalen überein.

Wir wählen diese Diagonalen als Zusatzstäbe, und zwar ordnen wir sie symmetrisch um die senkrechte Mittelachse an, falls das Trägersystem selbst, was gewöhnlich der Fall sein wird, um diese Mittellinie Symmetrie aufweist.

Die äußere Belastung wird im allgemeinen ausschließlich in den Knoten angreifen, auch das Eigengewicht kann man, ohne einen großen Fehler zu begehen, auf die Knoten verteilen.

Die α'-Werte werden demnach gleich Null, und die Spannungen der Zusatzstäbe werden gleich den Spannkräften P^0, d. h. gleich den Diagonalspannungen des statisch bestimmten Knotenpunktsystems für die äußeren Kräfte als Belastung.

Die Kräfte P mit Doppelzeiger können nach denselben Formeln wie beim zweistieligen Rahmen ermittelt werden. Bei Entfernung eines Zusatzstabes und Ausführung der dabei ermöglichten Verschiebung der Knotenpunktsfigur drehen sich wohl im allgemeinen sämtliche Stäbe des Systems. Es ist aber erlaubt, die Verschiebung in der Weise auszuführen, daß man z. B. bei Entfernung des Stabes III den linken Trägerteil $aa'c'c$ senkrecht in die Höhe verschiebt, während der rechte Teil $dd'g'g$ festgehalten wird.

Es drehen sich dann nur die Stäbe $c\,d$ und $c'd'$. Da keine Auflagerkräfte vorhanden sind, wird für die virtuelle Arbeit genau dieselben Ausdrücke gefunden, wie für den zweistieligen Rahmen.

Es ist hier nur der Unterschied, daß bei der in Fig. 21 getroffenen Anordnung die Stäbe sich in positiver Richtung drehen, wenn es sich um einen links der Mittelachse liegenden Stab handelt. Wir müssen deshalb statt des positiven Vorzeichens in den Formeln ein negatives Vorzeichen schreiben. Für Stäbe der rechten Hälfte verschiebt man den rechten Trägerteil, während der linke festgehalten wird. Die dabei stattfindenden Stabdrehungen sind negativ. Für diese Stäbe muß demnach das positive Vorzeichen beibehalten werden.

Beispiel 4. Mehrstöckige Rahmenwerke mit 3 Stielen. Aus den vorhergehenden Beispielen wird man ersehen haben, daß die größte Arbeit bei der Berechnung in der wiedelholten Lösung der α-Gleichungen für verschiedene Belastungen besteht.

Es ist deshalb in komplizierteren Fällen von besonderer Wichtigkeit, die Lösung dieser Gleichungen möglichst zu vereinfachen.

Wie dies z. B. bei mehrstöckigem Rahmen mit 3 Stielen geschehen kann, soll hier gezeigt werden.

Die Fig. 22 stellt einen dreistieligen Rahmen dar mit 4 Geschossen. Bei diesem System sind 12 α-Werte zu bestimmen.

Wir denken uns nun zunächst, daß allein die Knoten a, b und c belastet sind, und stellen uns die Aufgabe, die Belastung so zu bestimmen, daß dabei die Knotenpunktsdrehung $\alpha_a = 1$ wird, während α_b und α_c beide gleich Null werden.

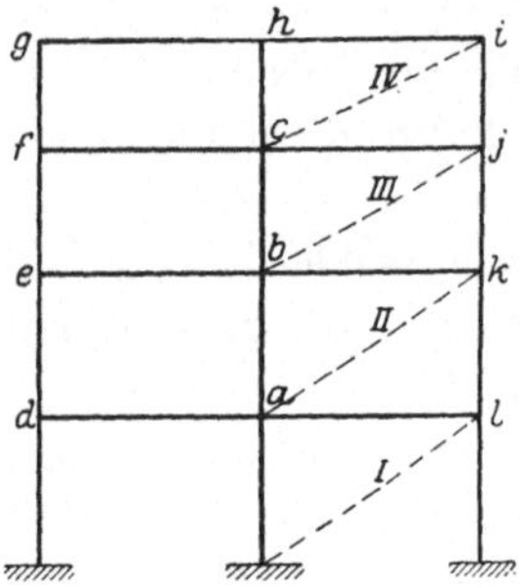

Wenn aber die Werte α_a, α_b und α_c bekannt sind, bilden die α-Gleichungen der Knoten d, e, f bis l ein Gleichungssystem der Clayperonschen Art, welches sich graphisch lösen läßt.

Bei der hier vorausgesetzten Belastung sind sämtliche Belastungsglieder dieser Gleichungen ausgenommen diejenigen für die Knoten d und l gleich Null. Für die beiden letztgenannten Knoten hat man

Fig. 22.

$$N_d = -k_{ad} \cdot \alpha_a = -k_{ad} \cdot 1 = -k_{ad}$$

und

$$N_l = -k_{al}.$$

Durch graphische Lösung des Clayperonschen Gleichungssystems findet man nun die entsprechenden α-Werte der Knoten d bis l, wonach durch Einsetzung der ermittelten Werte in die α-Gleichungen für a, b und c die gesuchten Belastungsglieder erhalten werden.

Bezeichnet man diese Belastungsglieder mit bzw. $N_{a,a}$, $N_{b,a}$ und $N_{c,a}$, hat man also

$$\varkappa_a \cdot 1 + k_{ad} \cdot \alpha_d + k_{al} \cdot \alpha_l = N_{a,a}$$
$$k_{ba} \cdot 1 + k_{be} \cdot \alpha_e + k_{bk} \cdot \alpha_k = N_{b,a}$$
$$k_{ch} \alpha_h \cdot + k_{cf} \cdot \alpha_f + k_{cj} \cdot \alpha_j = N_{c,a},$$

worin die bei der graphischen Lösung ermittelten α-Werte einzusetzen sind.

In analoger Weise bestimmen wir die Belastungsglieder

$$N_{a,b}, \quad N_{b,b} \quad \text{und} \quad N_{c,b},$$

welche die Drehungen $\alpha_a = 0$, $\alpha_b = 1$ und $\alpha_c = 0$ erzeugen, und die Belastungsglieder

$$N_{a,e}, \quad N_{b,c} \quad \text{und} \quad N_{c,e},$$

welche die Dehnungen

$$\alpha_a = 0, \quad \alpha_b = 0 \quad \text{und} \quad \alpha_c = 1$$

erzeugen.

Nach dem Satze von Betti muß sein:

$$N_{a,b} = N_{b,a} \quad \text{usw.,}$$

wodurch ein Kontrolle auf die Berechnung erhalten wird.

Nach dieser einleitenden Berechnung können wir dazu übergehen, die α-Gleichungen für eine beliebige gegebene Belastung zu lösen.

Wir verfahren hierbei wie folgt.

Zunächst werden die Knoten a, b und c festgehalten, also $\alpha_a = 0$, $\alpha_b = 0$ und $\alpha_c = 0$.

Wir lösen nun unter dieser Voraussetzung die α-Gleichungen der übrigen Knoten graphisch auf und bestimmen die Belastungsglieder der a, b und c. Wir mögen finden bzw.

$$\mathfrak{N}_a, \; \mathfrak{N}_b \; \text{und} \; \mathfrak{N}_c,$$

während die tatsächlich vorhandenen Belastungsglieder sind:

$$N_a, \; N_b \; \text{und} \; N_c.$$

Bezeichnen wir nun mit

$$\Delta N_a = N_a - \mathfrak{N}_a$$
$$\Delta N_b = N_b - \mathfrak{N}_b$$
$$\Delta N_c = N_c - \mathfrak{N}_c,$$

erkennen wir, daß wir die Knoten a, b und c, um die tatsächlichen α-Werte zu bestimmen, noch mit bzw. ΔN_a, ΔN_b und ΔN_c belasten müssen.

Wir haben demnach in zweiter Linie die Drehungen zu bestimmen, welche durch die Belastung ΔN_a, ΔN_b und ΔN_c für sich entstehen.

Es muß aber sein:

$$\Delta N_a = N_{a,a} \cdot \alpha_a + N_{a,b} \cdot \alpha_b + N_{a,c} \cdot \alpha_c$$
$$\Delta N_b = N_{b,a} \cdot \alpha_a + N_{b,b} \cdot \alpha_b + N_{b,c} \cdot \alpha_c$$
$$\Delta N_c = N_{c,a} \cdot \alpha_a + N_{c,b} \cdot \alpha_b + N_{c,c} \cdot \alpha_c.$$

Aus diesen Gleichungen lassen sich nun α_a, α_b und α_c ermitteln.

Nachdem diese Größen bekannt sind, findet man die übrigen durch die Belastung ΔN_a, ΔN_b und ΔN_c erzeugten Drehungen mittelst einer Wiederholung der graphischen Konstruktion.

Die hierbei gefundenen Werte werden zu den erst gefundenen addiert und liefern die endgültigen α-Werte.

Beispiel 5. Rahmenwerke mit mehr als drei Stielen. Bei größerer Anzahl Stiele und Geschosse werden die Berechnungen im allgemeinen sehr kompliziert.

Bei solchen Rahmen empfiehlt es sich aber, mit Rücksicht auf Temperaturspannungen usw. die statische Unbestimmtheit durch Einschieben von Gelenken zu verringern. Hierdurch kann gleichzeitig erreicht werden, daß die statische Berechnung bedeutend vereinfacht wird. Als Beispiel hierfür mögen die in den Fig. 23a und 23b dargestellten Rahmenwerke dienen.

In Fig. 23a ist das Rahmenwerk aufgebaut aus übereinandergestellten eingeschossigen Gelenkrahmen. Dabei wird erreicht, daß die α-Gleichungen der Knoten eines Geschosses von den übrigen vollständig unabhängig sind.

Die Anzahl der Bewegungsmöglichkeiten stimmt wieder mit der der Geschosse überein.

Als Zusatzstäbe werden am besten die Diagonalen der Endfelder gewählt. Man sieht leicht ein, daß die Größen P mit Doppelzeiger alle gleich Null werden, ausgenommen der P_{11}, P_{22}, P_{33} usw.

Die x-Gleichungen lauten demnach einfach

$$P_1 + P_{11} \cdot x_1 = 0$$
$$P_2 + P_{22} \cdot x_2 = 0 \text{ usw.}$$

Ferner sieht man leicht ein, daß bei senkrechter Belastung nur der Zusatzstab des belasteten Rahmens gespannt wird. Eine senkrechte Belastung beansprucht deshalb nur die Stäbe des belasteten Rahmens auf Biegung, die Stäbe der unteren Rahmen werden bloß auf Zug oder Druck, die Stäbe der oberen überhaupt nicht beansprucht.

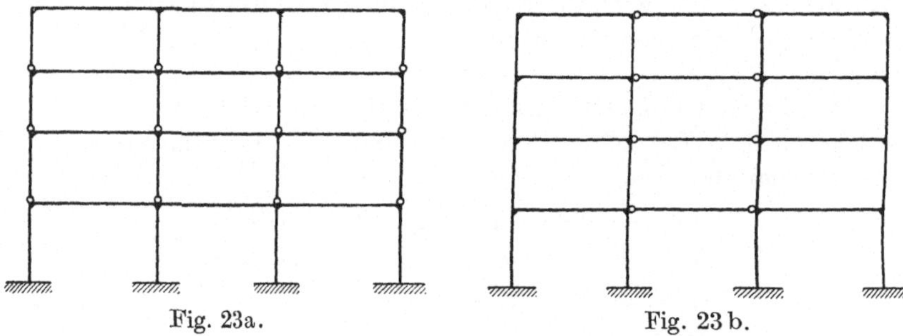

Fig. 23a.   Fig. 23 b.

Selbst bei großer Anzahl Stiele und Geschosse gestaltet sich die Berechnung der übereinandergestellten Gelenkrahmen besonders einfach.

In Fig. 23b wurde das Rahmenwerk aus 2 zweistieligen Rahmen, welche mittelst gelenkartig angeschlossenen Balken verbunden sind, aufgebaut.

Die Berechnung gestaltet sich in diesem Fall etwas verschieden, je nachdem beide Auflagerungen eines Verbindungsstabes feste Gelenke sind oder die eine Auflagerung eine wagerechte Verschiebung gestattet. In letzterem Falle sind die beiden Rahmen offenbar ganz unabhängig voneinander. Wagerechte Kräfte, z. B. Winddruck, werden demnach entweder von dem einen oder dem anderen Rahmen ganz aufgenommen.

Besser ist es offenbar, beide Auflagerungen als feste Gelenke auszubilden, da in solchem Falle beide Rahmen zur Lastübertragung mitwirken.

Anm. Bei Eisenbetonkonstruktionen, wo derartige Gelenke meistens nur als durchgehende Fugen ausgebildet werden, wird die Reibung gewöhnlich so groß sein, daß eine wagerechte Verschiebung ausgeschlossen ist, so daß man mit dem ersten Falle rechnen muß.

Das Knotenpunktsystem besitzt dann eine Bewegungsmöglichkeit für jedes Geschoß. Als Zusatzstäbe wählt man am besten die Diagonalstäbe des einen oder des anderen Rahmens. Die Berechnung ist im großen und ganzen dieselbe als beim zweistieligen Rahmen, nur erhalten wir hier zwei Gleichungsgruppen, die unabhängig voneinander gelöst werden können.

Bei Entfernung eines Stabes drehen sich die vier Stiele des entsprechenden Geschosses.

Bei der Berechnung der Größen P mit Doppelzeiger erhält man demnach von jedem Rahmen Beiträge in derselben Form wie in Beispiel 3 für den einfachen Rahmen angegeben.

Abschnitt II.

Systeme, welche auch gebogene Stäbe enthalten.

11. Grundgleichungen. In diesem Abschnitte sollen die Untersuchungen, die im I. Abschnitt auf Systeme beschränkt wurden, welche ausschließlich geradlinige Stäbe enthielten, auf Systeme ausgedehnt werden, in welchen außer den geradlinigen auch gebogene bzw. geknickte Stäbe vorkommen.

Wie bereits aus dem im vorigen Abschnitt behandelten Beispiel II hervorgehen wird, können Systeme mit geknickten Stäben auch nach der im Abschnitt I entwickelten Methode berechnet werden, wenn man jeden Knickpunkt als Knoten auffaßt. Dasselbe gilt auch für Systeme mit gebogenen Stäben, wenn wir die gekrümmten Stabachsen durch kurze geradlinige Stabstücke ersetzen. Auf diese Weise wird aber die Berechnung leicht sehr weitläufig, weil der Grad der Bewegungsmöglichkeiten im allgemeinen sehr hoch wird.

Besitzt ein geknickter Balken a b n Knickpunkte (hierbei die Endknoten a und b nicht mitgerechnet), so sieht man leicht ein, daß die Bewegungsmöglichkeiten des Systems im ganzen mit $(n-1)$ durch den Balken allein erhöht werden.

In den meisten Fällen empfiehlt es sich deshalb, einen geknickten Balken nur als einen Stab aufzufassen und die in diesem Abschnitte entwickelte Methode einzuschlagen.

Bei der Ableitung der Formeln, welche für geknickte bzw. gebogene Stäbe gelten, knüpfen wir an die als bekannt vorausgesetzte Lehre von der Berechnung des beiderseitig eingespannten Bogens[1]) an.

Der beiderseitig eingespannte Bogen ist dreifach statisch unbestimmt. Als statisch nicht bestimmte Größen wählen wir die Schnittkräfte eines beliebigen Querschnitts, welche wir in dem Schwerpunkt O der „elastischen Bogengewichte" angreifen lassen. (Ist der Bogen symmetrisch, wählt man am besten den Scheitelquerschnitt.)

Das statisch bestimmte Hauptsystem besteht demnach aus zwei eingespannten Kragträgern.

---

[1]) Die hier folgende Darstellung lehnt sich in der Hauptsache an die Darstellung von Müller-Breslau in seinem Buche „Neuere Methoden" an.

Durch den Punkt O wird ein Achsenkreuz gelegt, welches mit dem Hauptträgheitskreuze des Bogens zusammenfällt. Die Schnittkräfte zerlegen wir nun in die beiden nach der X-Achse gerichteten Kräfte X_1, die beiden nach der Y-Achse gerichteten Kräfte X_2 und die Momente X_3.

Durch diese besondere Wahl der Überzähligen wird erreicht, daß die Elastizitätsgleichungen, welche zur Berechnung dieser Größen zur Verfügung stehen, je nur eine Unbekannte enthalten.

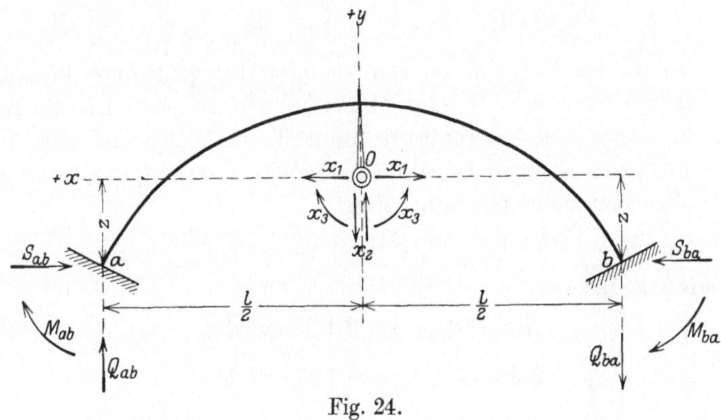

Fig. 24.

Sie lauten mit den gewöhnlich gebrauchten Bezeichnungen

$$0 = \Sigma\, P_m \cdot \vartheta_{m,1} - X_1 \cdot \vartheta_{11} + \vartheta_{1u} + \vartheta_{1t}$$
$$0 = \Sigma\, P_m \cdot \vartheta_{m,2} - X_2 \cdot \vartheta_{22} + \vartheta_{2u} + \vartheta_{2t} \qquad (17)$$
$$0 = \Sigma\, P_m \cdot \vartheta_{m,3} - X_3 \cdot \vartheta_{33} + \vartheta_{3u} + \vartheta_{3t}.$$

Das Moment eines beliebigen Punktes kann mit der getroffenen Wahl der positiven Achsenrichtungen geschrieben werden:

$$M = \mathfrak{M} - X_1 \cdot y - X_2 \cdot x - X_3,$$

wo $\mathfrak{M}$ das Moment des Hauptsystems, d. h. das Kragträgermoment bedeutet. Das Moment $\mathfrak{M}$ ist positiv zu rechnen, wenn die innere Bogenleibung gezogen wird.

Wir haben demnach:

$$\frac{dM}{dX_1} = - y; \quad \frac{dM}{dX_2} = - x; \quad \frac{dM}{dX_3} = - 1$$

und

$$\vartheta_{11} = \int \frac{y^2 \cdot ds'}{E\,I}; \quad \vartheta_{22} = \int \frac{x^2 \cdot ds'}{E\,I}; \quad \vartheta_{33} = \int \frac{ds'}{E\,I}.$$

unter ds' das Element der Bogenmittellinie verstanden.

Bei der Ableitung der α-Gleichungen im vorigen Abschnitt wurde überall mit den $6\,E\,J_0$-fachen Verschiebungen gerechnet. Um hiermit Übereinstimmung zu bringen, setzen wir fest, daß unter den Verschiebungen ϑ_{11}, ϑ_{22} usw. nicht die tatsächlichen nach den obenstehenden Formeln berechneten, sondern die $6\,E\,J_0$-fachen Werte verstanden werden sollen.

Mit der Bezeichnung

$$ds = ds' \cdot \frac{J_0}{J}$$

setzen wir demnach:

$$\vartheta_{11} = 6\int y^2 \cdot ds, \quad \vartheta_{22} = 6\int x^2 \cdot ds, \quad \vartheta_{33} = 6\int ds .$$

Die in diesen Formeln vorkommenden Integralwerte können bzw. als das Trägheitsmoment T_x der elastischen Bogengewichte ds in bezug auf die X-Achse, das Trägheitsmoment T_y in bezug auf die Y-Achse und das gesamte Gewicht G aller Teilgewichte ds aufgefaßt werden.

Wir können demnach schreiben

$$\vartheta_{11} = 6 \cdot T_x, \quad \vartheta_{22} = 6 \cdot T_y, \quad \vartheta_{33} = 6 \cdot G. \tag{18}$$

Ferner haben wir

$$\Sigma\, P_m \cdot \vartheta_{m1} = 6\int \mathfrak{M} \cdot y \cdot ds$$

$$\Sigma\, P_m \cdot \vartheta_{m2} = 6\int \mathfrak{M} \cdot x \cdot ds$$

$$\Sigma\, P_m \cdot \vartheta_{m3} = 6\int \mathfrak{M} \cdot ds .$$

Die letzten Integrale können bzw. als das statische Moment S_x der Gewichte $\mathfrak{M} \cdot ds$ in bezug auf die X-Achse, das statische Moment S_y in bezug auf die Y-Achse und das gesamte Gewicht F aufgefaßt werden, demnach

$$\Sigma\, P_m\, \vartheta_{m1} = 6 \cdot S_x, \quad \Sigma\, P_m\, \vartheta_{m2} = 6 \cdot S_y, \quad \Sigma\, P_m\, \vartheta_{m3} = 6 \cdot F . \tag{19}$$

Für die statisch nicht bestimmbaren Größen erhalten wir nunmehr die einfachen Ausdrücke:

$$\begin{aligned}
X_1 &= \frac{S_x}{T_x} + \frac{\vartheta_{1u} + \vartheta_{1t}}{6 \cdot T_x}\\[1ex]
X_2 &= \frac{S_y}{T_y} + \frac{\vartheta_{2u} + \vartheta_{2t}}{6 \cdot T_y}\\[1ex]
X_3 &= \frac{F}{G} + \frac{\vartheta_{3u} + \vartheta_{3t}}{6 \cdot G} .
\end{aligned} \tag{20}$$

Die Auflagerkräfte eines eingespannten Bogens a b lassen sich zerlegen in die Momente M_{ab} und M_{ba}, die senkrecht zur Verbindungslinie stehenden Auflagerkräfte Q_{ab} und Q_{ba} und die in die Verbindungslinie fallenden Kräfte S_{ab} und S_{ba}.

In Übereinstimmung mit den für gerade Stäbe geltenden Regeln rechnen wir die Kräfte M_{ab}, M_{ba}, Q_{ab} und Q_{ba} positiv, wenn sie bestrebt sind, den Balken a b im Sinne des Uhrzeigers zu drehen. Die

Horizontalkräfte S_{ab} und S_{ba} rechnen wir positiv, wenn sie, auf den vom System losgetrennten Bogen angebracht, bestrebt sind, die Endpunkte des Bogens einander zu nähern.

Die Formeln, nach welchen die Auflagergrößen berechnet werden, sind etwas verschieden, je nachdem die Bogenmittellinie symmetrisch ist oder nicht. Wir unterscheiden deshalb diese beiden Fälle:

a) Der Bogen ist symmetrisch. Wir haben mit den in Fig. 24 eingeschriebenen Bezeichnungen

$$M_{ab} = M_a + X_1 \cdot z - X_2 \cdot \frac{l}{2} - X_3$$
$$M_{ba} = M_b - X_1 \cdot z - X_2 \cdot \frac{l}{2} + X_3 \tag{21}$$

unter M_a und M_b die Einspannmomente der beiden Kragträger des statisch bestimmten Hauptsystems verstanden. Die positiven Richtungen dieser Momente sind hiernach dieselben wie die Momente M_{ab} und M_{ba}.

Für die Auflagerdrücke finden wir:

$$Q_{ab} = Q_a + X_2; \quad Q_{ba} = Q_b + X_2$$
$$S_{ab} = S_a + X_1; \quad S_{ba} = S_b + X_1, \tag{22}$$

wenn unter S_a und Q_a die Auflagerdrücke des linken, unter S_b und Q_b die Auflagerdrücke des rechten Kragträgers verstanden werden.

Bei vollständig fester Einspannung und konstanter Temperatur haben wir nach Gleichung (20)

$$X_1 = \frac{S_x}{T_x}; \quad X_2 = \frac{S_y}{T_y}; \quad X_3 = \frac{F}{G}.$$

Die speziellen Werte der Einspannmomente und Auflagerreaktionen, welche in diesem Falle auftreten, sind bestimmt durch

$$\left.\begin{aligned}
M_{ab}^0 &= M_a + \frac{S_x}{T_x} \cdot z - \frac{S_y}{T_y} \cdot \frac{l}{2} - \frac{F}{G} \\
M_{ba}^0 &= M_b - \frac{S_x}{T_x} \cdot z - \frac{S_y}{T_y} \cdot \frac{l}{2} + \frac{F}{G} \\
Q_{ab}^0 &= Q_a + \frac{S_y}{T_y} \\
Q_{ba}^0 &= Q_b + \frac{S_y}{T_y} \\
S_{ab}^0 &= S_a + \frac{S_x}{T_x} \\
S_{ba}^0 &= S_b + \frac{S_x}{T_x}
\end{aligned}\right\} \tag{23}$$

Führen wir diese Ausdrücke in die Formeln 21 und **22** ein, gehen diese über in:

$$M_{ab} = M_{ab}^0 + X_1' \cdot z - X_2' \cdot \frac{l}{2} - X_3'$$

$$M_{ba} = M_{ba}^0 - X_1' \cdot z - X_2' \cdot \frac{l}{2} + X_3'$$

$$Q_{ab} = Q_{ab}^0 + X_2'$$

$$Q_{ba} = Q_{ba}^0 + X_2'$$

$$S_{ab} = S_{ab}^0 + X_1'$$

$$S_{ba} = S_{ba}^0 + X_1'$$

$$(24)$$

wo unter X_1', X_2' und X_3' die Werte der statisch nicht bestimmten Größen zu verstehen sind, welche durch Verschiebung der Auflager und Variation der Temperatur entstehen.

Eine beliebige Verschiebung der Auflager ist vollständig bestimmt durch die Angabe der folgenden Größen:

> die Drehung α_a der im Punkte a an die Stabachse gelegten Tangente,
>
> die Drehung α_b der im Punkte b an die Stabachse gelegten Tangente,
>
> die Drehung u_{ab} der Verbindungslinie ab der beiden Auflagerpunkte,
>
> die gegenseitige Verschiebung Δ_{ab} der Punkte a und b in der Richtung der Verbindungslinie.

Sämtlichen Drehungen legen wir das Vorzeichen $+$ bei, wenn sie im Sinne des Uhrzeigers stattfinden, während die Verschiebung Δ_{ab} positiv gerechnet wird, wenn sie eine Verlängerung der Strecke ab bedeutet.

Diese Auflagerverrückungen verursachen im statisch bestimmten Hauptsysteme die Verschiebungen:

$$\vartheta_{u,1} = z\,(\alpha_a - \alpha_b) - \Delta_{ab}$$

$$\vartheta_{u,2} = -\frac{l}{2}\,(\alpha_a + \alpha_b) + l \cdot u_{ab} \qquad (25)$$

$$\vartheta_{u,3} = -\alpha_a + \alpha_b.$$

Wird die Temperatur vorläufig konstant angenommen, finden wir demnach zufolge der Auflagerverschiebung:

$$X_1' = \frac{1}{6\,T_x}\,[z\,(\alpha_a - \alpha_b) - \Delta_{ab}]$$

$$X_2' = -\frac{1}{6\,T_y} \cdot \frac{l}{2}\,[\alpha_a + \alpha_b - 2\,u_{ab}] \qquad (26)$$

$$X_3' = \frac{1}{6\,G}\,[-\alpha_a + \alpha_b].$$

Es entstehen demnach die Auflagermomente:

$$M'_{ab} = \frac{\alpha_a}{6}\left[\frac{z^2}{T_x} + \frac{l^2}{4\,T_y} + \frac{1}{G}\right] + \frac{\alpha_b}{6}\left[-\frac{z^2}{T_x} + \frac{l^2}{4\,T_y} - \frac{1}{G}\right]$$

$$-\frac{1}{12}\,\frac{l^2}{T_y}\cdot u_{ab} - \frac{1}{6}\cdot\frac{z}{T_x}\cdot\Delta_{ab}\,.$$

$$M'_{ba} = \frac{\alpha_a}{6}\left[-\frac{z^2}{T_x} + \frac{l^2}{4\,T_y} - \frac{1}{G}\right] + \frac{\alpha_b}{6}\left[\frac{z^2}{T_x} + \frac{l^2}{4\,T_y} + \frac{1}{G}\right] \tag{27}$$

$$-\frac{1}{12}\cdot\frac{l^2}{T_y}\cdot u_{ab} + \frac{1}{6}\cdot\frac{z}{T_x}\cdot\Delta_{ab}\,.$$

oder mit Einführung der abgekürzten Bezeichnungen:

$$\varkappa_{ab} = \frac{1}{2}\left[\frac{z^2}{T_x} + \frac{l^2}{4\,T_y} + \frac{1}{G}\right] = \varkappa_{ba}$$

$$k_{ab} = \frac{1}{2}\left[-\frac{z^2}{T_x} + \frac{l^2}{4\,T_y} - \frac{1}{G}\right] = k_{ba} \tag{28}$$

$$t_{y,\,ab} = \frac{1}{4}\cdot\frac{l^2}{T_y} = t_{y,\,ba}$$

$$t_{x,\,ab} = \frac{1}{2}\cdot\frac{z}{T_x} = -t_{x,\,ba}\,.$$

$$M'_{ab} = \frac{1}{3}\left[\varkappa_{ab}\cdot\alpha_a + k_{ab}\cdot\alpha_b - t_{y,\,ab}\,u_{ab} - t_{x,\,ab}\cdot\Delta_{ab}\right]$$

$$M'_{ba} = \frac{1}{3}\left[k_{ab}\cdot\alpha_a + \varkappa_{ab}\cdot\alpha_b - t_{y,\,ab}\,u_{ab} + t_{x,\,ab}\cdot\Delta_{ab}\right] \tag{29}$$

und die Auflagerkräfte:

$$Q'_{ab} = Q'_{ba} = X_2' = -\frac{1}{3}\cdot\frac{t_{y,\,ab}}{l_{ab}}\left[\alpha_a + \alpha_b - 2\,u_{ab}\right]$$

und

$$S'_{ab} = S'_{ba} = X_1' = \frac{1}{3}\cdot t_{x,\,ab}\left[\alpha_a - \alpha_b - \frac{\Delta_{ab}}{z}\right]\,.$$

Eine Temperaturvariation, bei welcher der gebogene Stab um t^0 gleichmäßig erwärmt wird, hat im statisch bestimmten Hauptsysteme die gegenseitigen Verschiebungen zur Folge:

$$\vartheta_{11} = 6\,E\,J_0\cdot\varepsilon\cdot t\cdot l,\quad \vartheta_{22} = 0,\quad \vartheta_{33} = 0.$$

Eine Temperaturvariation, bei welcher der gebogene Stab auf der linken Seite um Δt^0 höher erwärmt wird wie auf der rechten, hat zur Folge

$$\vartheta_{11} = 0,\quad \vartheta_{22} = 0,\quad \vartheta_{33} = 6\,E\,J_0\cdot\Delta t\cdot\varepsilon\int\frac{ds}{h}\,,$$

wo h die reduzierte Bogenhöhe $\left(h = h'\,\dfrac{J_0}{J}\right)$ bedeutet.

Ist der Wert h nicht konstant, ersetze man h durch einen Mittelwert h_m, und man hat demnach

$$\vartheta_{33} = 6\,E\,J_0 \cdot \Delta t^0 \cdot \varepsilon \cdot \frac{G}{h_m}\,.$$

Bei gleichzeitiger Wirkung von Temperaturänderungen der angegebenen Art erhält man demnach

$$X_1'' = \frac{E \cdot J_0 \cdot \varepsilon \cdot t \cdot l}{T_x}$$

$$X_3'' = E\,J_0\,\varepsilon \cdot \Delta t \cdot \frac{l}{h_m}\,.$$

Setzen wir zur Abkürzung

$$\tau_{ab} = -\tau_{ba} = E\,J_0 \cdot \varepsilon \cdot \Delta t \cdot \frac{l}{h_m} = X_3''$$

$$\tau_{ab}' = -\tau_{ba}' = E\,J_0\,\varepsilon \cdot t \cdot \frac{l}{T_x} = X_1''. \tag{30}$$

so entstehen die Momente

$$M_{ab} = -M_{ba} = \tau_{ab}' \cdot z - \tau_{ab} \tag{31}$$

und die Auflagerkräfte

$$S_{ab} = +S_{ba} = \tau_{ab}'. \tag{32}$$

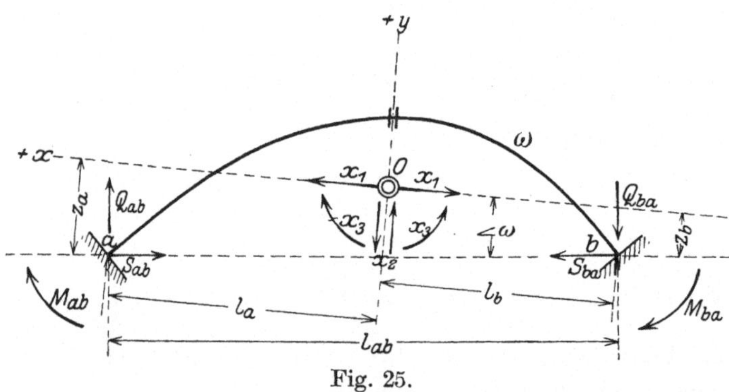

Fig. 25.

b) Der Bogen ist unsymmetrisch (Fig. 25). Mit den Bezeichnungen der Fig. 25 findet man in diesem Falle:

$$M_{ab} = M_a + X_1 \cdot z_a - X_2 \cdot l_a - X_3$$
$$M_{ba} = M_b + X_1 \cdot z_b - X_2 \cdot l_b + X_3 \tag{21a}$$

$$\left.\begin{aligned}
Q_{ab} &= Q_a + X_2 \cdot \cos\omega - X_1 \cdot \sin\omega\\
Q_{ba} &= Q_b + X_2 \cdot \cos\omega - X_1 \cdot \sin\omega\\
S_{ab} &= S_a + X_1 \cdot \cos\omega + X_2 \cdot \sin\omega\\
S_{ba} &= S_b + X_1 \cdot \cos\omega + X_2 \cdot \sin\omega
\end{aligned}\right\} \tag{22a}$$

Der Winkel ω ist der kleinste Drehungswinkel, welcher die Gerade a b in die X-Achse überführt, und wird positiv gerechnet, wenn die Drehung von a b um den Winkel ω im Sinne des Uhrzeigers verläuft.

Für die Einspannmomente und Auflagerreaktionen, welche in diesem Falle unter der Annahme vollständiger Einspannung auftreten, erhalten wir die Ausdrücke:

$$\left.\begin{aligned}
M_{ab}^0 &= M_a + \frac{S_x}{T_x} \cdot z_a - \frac{S_y}{T_y} \cdot l_a - \frac{F}{G} \\[2mm]
M_{ba}^0 &= M_b - \frac{S_x}{T_x} \cdot z_b - \frac{S_y}{T_y} \cdot l_b - \frac{F}{G} \\[2mm]
Q_{ab}^0 &= Q_a + \frac{S_y}{T_y} \cdot \cos \omega - \frac{S_x}{T_x} \cdot \sin \omega \\[2mm]
Q_{ba}^0 &= Q_b + \frac{S_y}{T_y} \cdot \cos \omega - \frac{S_x}{T_x} \cdot \sin \omega \\[2mm]
S_{ab}^0 &= S_a + \frac{S_x}{T_x} \cdot \cos \omega + \frac{S_y}{T_y} \cdot \sin \omega \\[2mm]
S_{ba}^0 &= S_b + \frac{S_x}{T_x} \cdot \cos \omega + \frac{S_y}{T_y} \cdot \sin \omega
\end{aligned}\right\} \qquad (23\,\mathrm{a})$$

Eine Verschiebung der Auflagerpunkte von der unter a angegebenen Art verursacht im Hauptsysteme die folgenden Verrückungen der Angriffspunkte der statisch nicht bestimmten Größen:

$$\begin{aligned}
\vartheta_{u1} &= \alpha_a \cdot z_a - \alpha_b \cdot z_b - \Delta_{ab} \cdot \cos \omega - l \cdot u_{ab} \cdot \sin \omega \\
\vartheta_{u2} &= -l_a \cdot \alpha_a - l_b \cdot \alpha_b + l \cdot u_{ab} \cdot \cos \omega + \Delta_{ab} \cdot \sin \omega \qquad (25\,\mathrm{a}) \\
\vartheta_{u3} &= -\alpha_a + \alpha_b
\end{aligned}$$

Mit Einführung der abgekürzten Bezeichnungen:

$$\left.\begin{aligned}
\varkappa_{ab} &= \frac{1}{2}\left[\frac{z_a{}^2}{T_a} + \frac{l_a{}^2}{T_y} + \frac{1}{G}\right] \\[2mm]
\varkappa_{ba} &= \frac{1}{2}\left[\frac{z_b{}^2}{T_x} + \frac{l_b{}^2}{T_y} + \frac{1}{G}\right] \\[2mm]
k_{ba} &= k_{ba} = \frac{1}{2}\left[-\frac{z_a \cdot z_b}{T_x} + \frac{l_a \cdot l_b}{T_y} - \frac{1}{G}\right] \\[2mm]
t_{yab} &= \frac{l}{2}\left[\frac{z_a \cdot \sin \omega}{T_x} + \frac{l_a \cdot \cos \omega}{T_y}\right] \\[2mm]
t_{yba} &= \frac{l}{2}\left[\frac{z_b \cdot \sin \omega}{T_x} + \frac{l_b \cdot \cos \omega}{T_y}\right] \\[2mm]
t_{xab} &= \frac{l}{2}\left[\frac{z_a \cdot \cos \omega}{T_x} + \frac{l_a \cdot \sin \omega}{T_y}\right] \\[2mm]
t_{xba} &= \frac{1}{2}\left[\frac{z_b \cdot \cos \omega}{T_x} + \frac{l_b \cdot \sin \omega}{T_y}\right]
\end{aligned}\right\} \qquad (28\,\mathrm{a})$$

erhalten wir für die Einspannmomente infolge der Verschiebung die Ausdrücke:

$$M'_{ab} = \frac{1}{3}\left[\varkappa_{ab}\cdot\alpha_a + k_{ab}\cdot\alpha_b - t_{yba}\cdot u_{ab} - t_{xab}\cdot\Delta_{ab}\right]$$

$$M'_{ba} = \frac{1}{3}\left[\varkappa_{ba}\cdot\alpha_b + k_{ab}\cdot\alpha_a - t_{yba}\cdot u_{ab} - t_{xba}\cdot\Delta_{ab}\right]$$

(29 a)

während wir für die Auflagerkräfte erhalten:

$$Q'_{ab} = Q'_{ba} = -\frac{\alpha_a}{6}\left[\frac{l_a}{T_y}\cdot\cos\omega + \frac{z_a}{T_x}\cdot\sin\omega\right]$$

$$-\frac{\alpha_b}{6}\left[\frac{l_b}{T_y}\cdot\cos\omega - \frac{z_b}{T_x}\cdot\sin\omega\right]$$

$$+\frac{l\cdot u_{ab}}{6}\left[\frac{\cos^2\omega}{T_y} + \frac{\sin^2\omega}{T_x}\right]$$

$$+\frac{1}{6}\cdot\Delta_{ab}\sin\omega\cdot\cos\omega\left[\frac{1}{T_x} + \frac{1}{T_y}\right]$$

und

$$S'_{ab} = S'_{ba} = -\frac{\alpha_a}{6}\left[\frac{z_a}{T_x}\cdot\cos\omega - \frac{l_a}{T_y}\cdot\sin\omega\right]$$

$$-\frac{\alpha_b}{6}\left[\frac{z_b}{T_x}\cdot\cos\omega + \frac{l_b}{T_y}\cdot\sin\omega\right]$$

$$-\frac{l\cdot u_{ab}}{6}\left[\frac{1}{T_x} - \frac{1}{T_y}\right]\sin\omega\cdot\cos\omega$$

$$-\frac{\Delta_{ab}}{6}\left[\frac{\cos^2\omega}{T_x} - \frac{\sin^2\omega}{T_y}\right]$$

Die in den Ausdrücken für S'_{ab}, und Q'_{ab} vorkommenden Koeffizienten können sehr einfach auf graphischem Wege ermittelt werden.

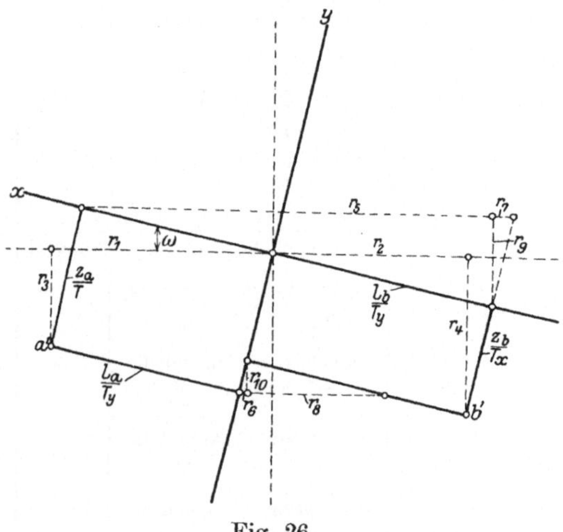

Fig. 26.

Die Konstruktion geht ohne weiteres aus der Fig. 26 hervor. Mit den Verhältnissen dieser Figur hat man

$$r_1 = \frac{l_a}{T_y} \cdot \cos \omega + \frac{z_a}{T_x} \cdot \sin \omega$$

$$r_2 = \frac{l_b}{T_y} \cdot \cos \omega - \frac{z_b}{T_x} \cdot \sin \omega$$

$$r_3 = \frac{z_a}{T_x} \cdot \cos \omega - \frac{l_a}{T_y} \cdot \sin \omega$$

$$r_4 = \frac{z_b}{T_x} \cdot \cos \omega + \frac{l_b}{T_y} \cdot \sin \omega$$

$$r_5 = \frac{l}{T_y} \cdot \cos^2 \omega$$

$$r_6 = \frac{l}{T_x} \cdot \sin^2 \omega$$

$$r_7 = \frac{l}{T_y} \cdot \sin^2 \omega$$

$$r_8 = \frac{l}{T_x} \cdot \cos^2 \omega$$

$$r_9 = \frac{l}{T_y} \cdot \sin \omega \cdot \cos \omega$$

$$r_{10} = \frac{l}{T_x} \cdot \sin \omega \cdot \cos \omega.$$

Eine Temperaturerhöhung von t^0 erzeugt die Verschiebungen

$$\vartheta_{11} = 6\,E\,J_0 \cdot \varepsilon\,t\,(l_a + l_b)$$
$$\vartheta_{22} = 6\,E\,J_0 \cdot \varepsilon\,t\,(z_a - z_b)$$
$$\vartheta_{33} = 0.$$

Eine Temperaturvariation, bei welcher die linke Seite des Stabes um $\varDelta t^0$ höher erwärmt wird wie die rechte Seite, hat zur Folge:

$$\vartheta_{11} = 0, \quad \vartheta_{22} = 0, \quad \vartheta_{33} = 6\,E\,J_0 \cdot \Delta t \cdot \varepsilon \cdot \frac{G}{h_m}.$$

Mit den abgekürzten Bezeichnungen

$$\tau_{ab} = -\,\tau_{ba} = E\,J_0 \cdot \varepsilon \cdot \frac{\Delta t}{h_m}$$

$$\tau'_{ab} = -\,\tau'_{ba} = E\,J_0\,\varepsilon \cdot t\,\frac{l_a + l_b}{T_x} \tag{30a}$$

$$\tau''_{ab} = +\,\tau''_{ba} = E\,J_0 \cdot \varepsilon \cdot t\,\frac{z_a - z_b}{T_y}$$

findet man die Momente

$$M_{ab} = \tau'_{ab} \cdot z_a - \tau''_{ab} \cdot l_a - \tau_{ab}$$
$$M_{ba} = \tau'_{ba} \cdot z_b - \tau''_{ba} \cdot l_b - \tau_{ba} \tag{31a}$$

und die Auflagerkräfte

$$Q_{ab} = \tau''_{ab} \cdot \cos \omega - \tau'_{ab} \cdot \sin \omega = Q_{ba}$$
$$S_{ab} = \tau'_{ba} \cdot \sin \omega + \tau''_{ab} \cdot \cos \omega = S_{ba}. \tag{32a}$$

12. Die Aufstellung der α-Gleichungen der Belastung, der Verschiebung und der Temperaturvariation. Die α-Gleichungen für Systeme mit gebogenen Stäben erhalten genau dieselbe Form wie für Systeme mit geradlinigen Stäben.

In jeder Gleichung treten als Unbekannte auf der α-Wert des betreffenden Knotens und der mit diesem verbundenen Knoten.

Für einen beliebigen Knoten a können wir schreiben

$$\varkappa_a \cdot \alpha_a + k_{ab} \cdot \alpha_b + k_{ac} \cdot \alpha_c + k_{ad} \cdot \alpha_d + \ldots = N_a.$$

Es handelt sich nun darum, festzustellen, welche Beiträge ein gebogener Stab zu den Koeffizienten $\varkappa$ und N liefert.

Wir erinnern daran, daß die α-Gleichung eines Knotens durch Losschneiden aus dem System und Aufstellung der Bedingung, daß die **dreifache** Momentensumme der Schnittmomente gleich Null sein muß, gefunden wurde.

Nun ist nach Gleichung 21, 29 und 31 das Dreifache des Auflagermomentes eines gebogenen symmetrischen Stabes a b.

$$3 \, M_{ab} = 3 \, M^0_{ab} + 3 \, M'_{ab} + 3 \, (\tau'_{ab} \cdot z - \tau_{ab})$$

$$= 3 \, M^0_{ab} + \varkappa_{ab} \cdot \alpha_a + k_{ab} \cdot \alpha_b - t_{yab} \cdot u_{ab} - t_{xab} \cdot \Delta_{ab}$$

$$+ 3 \, \tau'_{ab} \cdot z - 3 \, \tau_{ab}.$$

Hieraus erkennen wir, daß der gebogene Stab als Beitrag zum Koeffizienten $\varkappa$ des Knotens a liefert

$$\varkappa_{ab} = \frac{1}{2} \left[\frac{z^2}{T_x} + \frac{l^2}{4\,T_y} + \frac{1}{G} \right], \tag{33}$$

während der Koeffizient k für den gebogenen Stab den Wert erhält

$$k_{ab} = \frac{1}{2} \left[-\frac{z^2}{T_x} + \frac{l^2}{4\,T_y} - \frac{1}{G} \right] \tag{34}$$

Ist der Bogen unsymmetrisch, erhält man als Beitrag zu $\varkappa_a$ die Größe

$$\varkappa_{ab} = \frac{1}{2} \left[\frac{z_a^2}{T_x} + \frac{l_a^2}{T_y} + \frac{1}{G} \right] \tag{33a}$$

und für k den Wert

$$k_{ab} = \frac{1}{2} \left[-\frac{z_a \cdot z_b}{T_x} + \frac{l_a \cdot l_b}{T_y} - \frac{1}{G} \right] \tag{34a}$$

Die Beiträge zum Belastungsgliede des Knotens a, herrührend von der Belastung unter Annahme unverschiebbarer Knoten, wird

$$N_a = -3 \, M^0_{ab} \tag{35}$$

Eine Verschiebung (u_{ab}, Δ_{ab}) liefert den Beitrag

$$N_a = t_{yab} \cdot u_{ab} + t_{xab} \cdot \Delta_{ab} \tag{36}$$

wobei

$$t_{yab} = \frac{1}{4} \cdot \frac{l^2}{T_y} = t_{yba}$$

$$t_{xab} = \frac{1}{2} \cdot \frac{z}{T_x} = - t_{xba}.$$

Eine Verschiebung $x_n = 1$ erzeugt speziell:

$$N_a = t_{yab,n} \cdot v_{ab,1} + t_{xab} \cdot \Delta_{ab,n} \qquad (37)$$

Für einen unsymmetrischen Stab müssen für t_{yab} und t_{xab} die Werte aus den Gleichungen (28 a) entnommen werden.

Eine Temperaturbelastung liefert als Beitrag

$$N_a = 3\,\tau_{ab} - 3\,\tau'_{ab} \cdot z \qquad (38)$$

wozu noch ein Beitrag von der Formel (36) kommt, herrührend von der durch die Längenänderungen der übrigen Stäbe erzeugten gegenseitigen Verschiebung der Knoten a und b.

Nach Gleichung 30 ist

$$\tau_{ab} = E\,J_0 \cdot \varepsilon \cdot \Delta t \cdot \frac{1}{h_m} = - \tau_{ba}$$

$$\tau'_{ab} = E\,J_0 \cdot \varepsilon \cdot t \cdot \frac{1}{T_x} = - \tau'_{ba}.$$

Diese Formeln sind für links gebogene Stäbe abgeleitet. Für rechts gebogene wechselt τ'_{ab} das Vorzeichen.

Für einen unsymmetrischen Stab lautet der Beitrag durch Temperaturbelastung

$$N_a = 3\,(\tau_{ab} - \tau'_{ab} \cdot z + \tau''_{ab} \cdot l_a) \qquad (38\,a)$$

wo für τ_{ab}, τ'_{ab} und τ''_{ab} die Werte nach Gleichung (30 a) zu entnehmen sind.

13. Die Normalkräfte und die Spannkräfte der Zusatzstäbe. Die nötige Anzahl der Zusatzstäbe ist diejenige Anzahl Stäbe, welche hinzugefügt werden müssen, um die Lage der Knotenpunkte unverrückbar zu machen. Da die gegenseitige Lage der Endpunkte eines gebogenen Stabes nicht durch diesen gesichert wird, so sieht man leicht ein, daß bei Systemen mit gebogenen Stäben so viel Zusatzstäbe hinzugefügt werden müssen, daß diese in Verband mit den geradlinigen Stäben ein statisch bestimmtes System bilden.

Die nötige Anzahl ergibt sich somit wieder als

$$2\,k - (s + u),$$

wenn hier unter s nur die Anzahl der geraden Stäbe verstanden wird.

Unter dem Knotenpunktsystem soll nun bei Systemen mit gebogenen Stäben das (oder die) statisch bestimmte(n) System(e) entstanden durch Hinzufügen der Zusatzstäbe unter gleichzeitiger Entfernung der gebogenen Stäbe verstanden werden.

Der im Abschnitt I unter 6 abgeleitete Satz hat dann auch für die Bestimmung der Normalkräfte der geraden Stäbe des Systems und der Stabkräfte der hinzugefügten Stäbe Gültigkeit, wenn außer der Querkraftbelastung — und für schräg belastete Stäbe die in die Stabachsen fallenden Belastungskomponenten — auch die Auflagerkräfte Q und S der Bogenstäbe als äußere Kräfte auf das statisch bestimmte Knotenpunktsystem aufgebracht werden.

Die Spannkraft P_n eines Zusatzstabes setzt sich zusammen aus der Spannung $P_n{}^0$, herrührend von der Belastung Q^0, R^0 und S^0, und der Spannung P_n', herrührend von der Belastung Q' und S'.

Die Spannungen P^0 werden wie im vorigen Abschnitte durch Zeichnung eines Kräfteplanes bestimmt, die Spannungen P' dagegen durch Berechnung.

Führen wir die Verschiebung $x_n = 1$ aus, d. h. entfernen wir den nten Zusatzstab und verschieben den Knoten, von dem der Stab ausging, um die Strecke 1, leistet die Kraft P_n' die virtuelle Arbeit:

$$P_n' \cdot \cos \varphi_n \cdot 1.$$

Die als äußere Kräfte hinzugefügten, von den geraden Stäben des Systems herrührenden Querkräfte Q' leisten nach Gleichung (10) die Arbeit

$$\Sigma \, p' \cdot k \cdot v_n.$$

Hierzu kommt noch die virtuelle Arbeit der Bogen-Auflagerkräfte S' und Q'.

Nach Gleichung (29) können die Auflagerkräfte eines symmetrischen Bogenstabes ab bei festliegenden Knoten ($u_{ab} = 0$, $\Delta_{ab} = 0$) geschrieben werden:

und

$$Q'_{ab} = Q'_{ba} = -\frac{1}{3} \cdot \frac{t_{y\,ab}}{l_{ab}} \left[\alpha_a' + \alpha_b'\right].$$

$$S'_{ab} = S'_{ba} = \frac{1}{3} \cdot t_{x\,ab} \left[\alpha_a' - \alpha_b'\right] \tag{39}$$

Bedenken wir, daß eine negative Querkraft auf das Knotenpunktsystem so aufgebracht werden muß, daß sie (in kleiner Entfernung vom Knotenpunkte wirkend gedacht) den Knoten im negativen Sinne dreht, so sieht man ein, daß die Kräfte Q'_{ab} und Q'_{ba} zusammen die Arbeit leisten:

$$-Q'_{ab} \cdot l_{ab} \cdot v_{ab,\,n} = +\frac{1}{3} \cdot t_{y\,ab} \cdot p' \cdot v_{ab,\,n},$$

unter p' die Summe $\left[\alpha_a' + \alpha_b'\right]$ verstanden.

Die Kräfte S'_{ab} und S'_{ba} leisten zusammen die Arbeit:

$$S'_{ab} \cdot \Delta_{ab,\,n} = \frac{1}{3} \cdot t_{x\,ab} \left[\alpha_a' - \alpha_b'\right] \cdot \Delta_{ab,\,n}$$

oder, wenn zur Abkürzung gesetzt wird

$$q'_{ab} = [\alpha_a' - \alpha_b'],$$

die Arbeit

$$S'_{ab} \cdot \Delta_{ab,\,n} = \frac{1}{3} \cdot t_{x\,ab} \cdot q'_{ab} \cdot \Delta_{ab,\,n}.$$

Die Summe sämtlicher virtueller Arbeiten muß gleich Null sein, demnach:

$$P_n' \cos \varphi_n + \Sigma\, p' \cdot k \cdot v_n + \frac{1}{3} \Sigma \cdot t_y \cdot p' \cdot v_n + \frac{1}{3} \cdot \Sigma \cdot t_x \cdot q' \cdot \Delta_n = 0,$$

wo die erste Summation über die geraden, die beiden letzten über die gebogenen Stäbe zu erstrecken sind.

Wir erhalten somit für die Spannkraft P_n den Ausdruck

$$P_n = P_n^0 - \frac{1}{\cos \varphi_n}\left[\Sigma\, p' \cdot k \cdot v_n + \frac{1}{3} \Sigma\, t_y \cdot p' \cdot v_n + \frac{1}{3} \Sigma\, t_x \cdot q' \cdot \Delta_n\right] \quad (40)$$

Sind auch unsymmetrische Bogenstäbe vorhanden, sind in die Formel für die virtuellen Arbeiten

$$Q' \cdot 1 \cdot v_n \text{ und } S' \cdot \Delta_n$$

die Q' und S' nach der Gleichung (29 a) zu berechnen.

Die Auflagerkräfte eines Bogenstabes ab bei einer Verschiebung $x_n = 1$ sind nach Gleichung (29):

$$Q'_{ab} = Q'_{ba} = -\frac{t_{y\,ab}}{3\,l_{ab}}\,[a_n + b_n - 2 \cdot v_{ab,\,n}] = -\frac{1}{3} \cdot \frac{t_{y\,ab}}{l_{ab}} \cdot p_{ab,\,n},$$

und

$$S'_{ab} = S'_{ba} = \frac{1}{3} \cdot t_{x\,ab}\left[a_n - b_n - \frac{\Delta_{ab,\,n}}{z}\right] = \frac{1}{3} \cdot t_{x\,ab} \cdot q_{ab,\,n}$$

(41)

wo zur Abkürzung

$$p_{ab,\,n} = a_n + b_n - 2\,v_{ab,\,n}$$

und

$$q_{ab,\,n} = a_n - b_n - \frac{\Delta_{ab,\,n}}{z}$$

gesetzt wurde.

Die gebogenen Stäbe liefern somit zu der Stabkraft $P_{m,n}$ den Beitrag:

$$-\frac{1}{\cos \varphi_m}\left[\frac{1}{3} \Sigma\, t_y \cdot p_n \cdot v_m + \frac{1}{3} \Sigma\, t_x \cdot q_n \cdot \Delta_m\right].$$

Wir erhalten für die Kraft $P_{m,n}$ somit den Ausdruck

$$P_{m,n} = -\frac{1}{\cos \varphi_m}\left(\Sigma\, p \cdot k \cdot v_m + \frac{1}{3} \Sigma\, t_y \cdot p_n \cdot v_m + \frac{1}{3} \Sigma\, t_x \cdot q_n \cdot \Delta_m\right) \quad (42)$$

wo die erste Summation die geraden, die beiden letzten die gebogenen Stäbe umfassen.

5*

Für nicht symmetrische Stäbe sind die Auflagerkräfte Q_n' und S_n' für die Verschiebung $x_n = 1$ nach den Formeln (29 a) zu berechnen, wo für die a die Koeffizienten a_n, b_n ..., für die u die Winkel v_n und für die $\varDelta$ die Verschiebungen $\varDelta_n$ einzusetzen sind. Als Beitrag zur Spannkraft $P_{m,n}$ erhalten wir dann von einem unsymmetrischen Stabe

$$-\frac{1}{\cos \varphi_m} [Q_{a\,b,n}' \cdot l_{a\,b} \cdot v_{ab,m} + S_{a\,b,n}' \cdot \Delta_{a\,b,m}].$$

Nach Ermittlung der Stabkräfte der Zusatzstäbe lassen sich die Verschiebungen x, die endgültigen α-Werte, u-Werte und Δ-Werte genau wie früher berechnen.

14. Beispiele. Als erstes Zahlenbeispiel möge das im Abschnitt I unter Beispiel 2 behandelte System wieder gewählt werden.

Betrachtet man in diesem System den Stabzug bcde als einen geknickten Balken, müssen wir die in diesem Abschnitt entwickelte Methode befolgen. Es wird ganz lehrreich sein, den Unterschied des Berechnungsganges wahrzunehmen.

Wird bf als Bogenstab betrachtet, haben wir:

Anzahl der geraden Stäbe . . . . s = 7.

   „   „ Knoten . . . . k = 8.

   „   „ Auflagerbedingungen der Knoten-

      punktsfigur . . . . u = 8.

Die Bewegungsmöglichkeit des Knotenpunktsystems beträgt demnach

$$2\,k - (s + u) = 1.$$

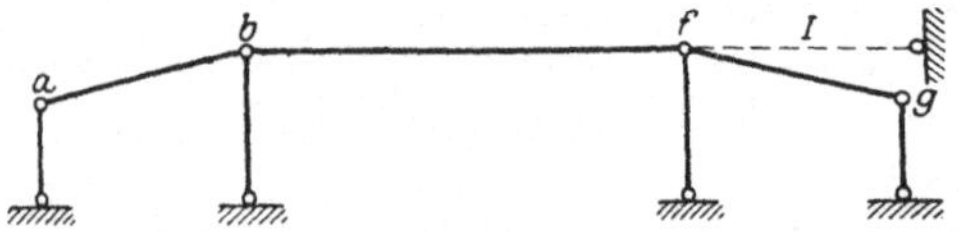

Fig. 27.

Die Fig. 27 zeigt das Knotenpunktsystem mit dem hinzugefügten Stab I.

Wir beginnen die Untersuchung mit der Berechnung der Bogengrößen G, T_x, T_y usw.

Wir haben:

$$G = 2\,(1,5 + 9,22) = 21,44.$$

Das statische Moment des Stabzuges in bezug auf die Grundlinie beträgt:

$$2 \cdot 1,5 \cdot 0,75 + 2 \cdot 9,22 \cdot 2,5 = 48,35.$$

Demnach Höhe des Schwerpunktes über dieser Linie:

$$z = \frac{48,35}{21,44} = 2,26.$$

Das Trägheitsmoment um die X-Achse beträgt

$$T_x = \frac{2}{3} \cdot 1{,}5\,(2{,}26^2 + 0{,}76^2 + 2{,}26 \cdot 0{,}76)$$

$$+ \frac{2}{3} \cdot 9{,}22\,(0{,}76^2 + 1{,}24^2 - 0{,}76 \cdot 1{,}24) = 14{,}61,$$

und um die Y-Achse

$$T_y = \frac{2}{3} \cdot 1{,}5 \cdot 3 \cdot 9{,}0^2 + \frac{2}{3} \cdot 9{,}22 \cdot 9^2 = 740{,}88.$$

Für den Bogenstab ist dann nach den Gleichungen (28)

$$\varkappa_{bf} = \frac{1}{2}\left[\frac{2{,}26^2}{14{,}61} + \frac{18^2}{4 \cdot 740{,}88} + \frac{1}{21{,}44}\right] = 0{,}2528$$

$$k_{bf} = \frac{1}{2}\left[-\frac{2{,}26^2}{14{,}61} + \frac{18^2}{4 \cdot 740{,}88} - \frac{1}{21{,}44}\right] = -0{,}1435$$

$$t_{y,\,bf} = \frac{1}{4} \cdot \frac{18^2}{740{,}88} = 0{,}1093$$

$$t_{x,\,bf} = \frac{1}{2} \cdot \frac{2{,}26}{14{,}61} = 0{,}0774.$$

Die Koeffizienten der α-Gleichungen ergeben sich hieraus zu:

$$\varkappa_a = 2\,(0{,}25 + 0{,}108) = 0{,}716$$
$$\varkappa_b = 2\,(0{,}108 + 0{,}167) + 0{,}2528 = 0{,}803.$$

Stab	$l = l'$	$k = k'$
o a, o g	4,0	0,250
a b, f g	9,22	0,108
o b, o f	6,00	0,167

Eine Verschiebung $x_1 = 1$ erzeugt

$$v_{oa} = v_{og} = 0{,}25$$
$$v_{ob} = v_{of} = 0{,}167; \quad v_{bf} = 0, \quad \Delta_{bf} = 0.$$

Die Belastungsglieder der α-Gleichungen lauten demnach

$$N_a = 3 \cdot 0{,}25 \cdot 0{,}25 = 0{,}1875 = N_g$$
$$N_b = 3 \cdot 0{,}167 \cdot 0{,}167 = 0{,}0833 = N_f.$$

Die α-Gleichungen der Verschiebung $x_1 = 1$ lauten nun unter Beachtung, daß $b_1 = f_1$, $a_1 = g_1$

$$0{,}716 \cdot a_1 + 0{,}108 \cdot b_1 = 0{,}1875$$
$$0{,}108 \cdot a_1 + 0{,}6595 \cdot b_1 = 0{,}0833$$

Die Lösung ergibt

$$a_1 = g_1 = 0{,}2490$$
$$b_1 = f_1 = 0{,}0855.$$

Die Spannung des Zusatzstabes berechnet sich aus:

Stab	p'	k	v_1	$p' \cdot k \cdot v_1$
o a	— 0,251	0,25	0,25	— 0,0157
o b	— 0,248	0,167	0,167	— 0,0069
o f	— 0,248	0,167	0,167	— 0,0069
o g	— 0,251	0,25	0,25	— 0,0157
			$-\Sigma$	0,0452

Demnach

$$P_{1,1} = 0,0452.$$

Die Gleichung zur Bestimmung der Verschiebung x_1 lautet

$$x_1 = -\frac{P_1}{P_{1,1}} = -22,2 \cdot P_1.$$

Eigengewicht. Wir haben zunächst die Auflagerkräfte des Bogenstabes unter Annahme vollständiger Einspannung zu bestimmen.

Die durch die Einzellasten im Hauptsysteme hervorgerufenen Momente sind in der folgenden Zusammenstellung ermittelt.

Kraft	Querkraft	Abstand	$\Delta \mathfrak{M}$	$\mathfrak{M}$
3 150	3 150	2,34	— 7 371	0
2 350	5 500	2,34	— 12 870	— 7 371
2 350	7 850	2,34	— 18 369	— 20 241
2 200	10 050	—	—	— 38 610

Die gleichmäßig verteilte Belastung, 500 kg/m in der Schräge gemessen, verursacht im Hauptsystem das Einspannmoment

$$-\frac{1}{2} \cdot 500 \cdot 9,00 \cdot 9,22 = -20745.$$

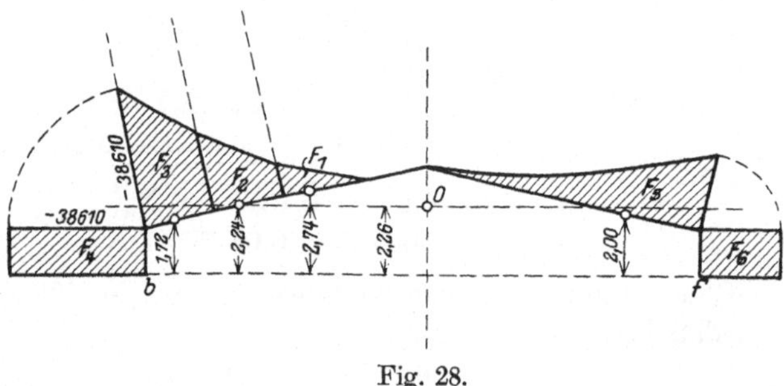

Fig. 28.

In Fig. 28 sind die Momente der gleichmäßig verteilten Belastung in der rechten Hälfte, die der Einzelkräfte in der linken Hälfte als Ordinaten von der Balkenachse aus abgetragen.

Die Flächeninhalte der einzelnen Streifen ergeben sich zu:

$$F_1 = -\frac{1}{2} \cdot 2{,}40 \cdot 7371 = -8845{,}2$$

$$F_2 = -\frac{1}{2} \cdot 2{,}40 \cdot 27612 = -33134{,}4$$

$$F_3 = -\frac{1}{2} \cdot 2{,}40 \cdot 58851 = -70621{,}2$$

$$F_4 = -1{,}5 \cdot 38610 = -57915{,}0$$

$$F_5 = -\frac{1}{3} \cdot 9{,}22 \cdot 20745 = -63756{,}3$$

$$F_6 = -1{,}5 \cdot 20746 = -31117{,}5$$

Die Summe dieser Teilinhalte ist

$$\sum_1^6 \cdot F = -265389{,}6\,.$$

Der totale Inhalt der $\mathfrak{M}$-Kurve ist demnach wegen der Symmetrie

$$F = -2 \cdot 265389{,}6 = -530780\,.$$

Die Schwerpunkte der einzelnen Flächenstücke sind in der Fig. 28 auf die Balkenachse projiziert und die Abstände von der Grundlinie der projizierten Punkte eingeschrieben.

Das statische Moment in bezug auf die X-Achse berechnet sich wie folgt:

$$
\begin{aligned}
F_1 \cdot 0{,}48 &= -\ 4245{,}7 \\
-F_2 \cdot 0{,}02 &= +\ \ \ \ 662{,}7 \\
-F_3 \cdot 0{,}54 &= +\ 38135{,}4 \\
-F_4 \cdot 1{,}51 &= \ \ \ 87451{,}7 \\
-F_5 \cdot 0{,}26 &= \ \ \ 16576{,}6 \\
-F_6 \cdot 1{,}51 &= \ \ \ 46887{,}4 \\
\hline
\Sigma &= \ \ \ 185568{,}1\,.
\end{aligned}
$$

Es ist dann

$$S_x = 2 \cdot 185568{,}1 = 371140,$$

und wir finden für die Überzähligen bei vollständiger Einspannung die Werte:

$$X_1 = \frac{371140}{14{,}61} = 25400$$

$$X_2 = 0 \ \text{(wegen der Symmetrie)}$$

$$X_3 = -\frac{530780}{21{,}44} = -24750\,.$$

Das Einspannmoment des Kragträgers beträgt:

$$M_b = -38\,610 - 20\,745 = -59\,355.$$

Nach Gleichung (21) erhalten wir dann:

$$M_{bf} = -59\,355 + 25\,400 \cdot 2{,}26 + 24\,750 = 22\,800.$$

Die Belastungsglieder der α-Gleichungen werden hiernach

$$N_a = -N_g = +15\,195 \ (\text{vgl. Abschn. I, Beispiel II}).$$
$$N_b = -N_f = -3 \cdot 22\,800 - 21\,195 = -89\,595.$$

Wegen der Symmetrie muß sein:

$$\alpha_a{}' = -\alpha_g{}'; \qquad \alpha_b{}' = -\alpha_f{}'.$$

Die α-Gleichungen der Belastung lauten somit

$$0{,}716 \cdot \alpha_a{}' + 0{,}108 \cdot \alpha_b{}' = 15\,195$$
$$0{,}108 \cdot \alpha_a{}' + 0{,}9465 \cdot \alpha_b{}' = -89\,595.$$

Die Lösung ergibt

$$\alpha_a{}' = +35\,700$$
$$\alpha_b{}' = -98\,000.$$

Wegen der Symmetrie wird in diesem Falle die Spannung des Zusatzstabes gleich Null, somit auch $X_1 = 0$.

Es ist dann:

$$\alpha_a = \alpha_a{}' = 35\,700.$$
$$\alpha_b = \alpha_b{}' = -98\,000.$$

Die Übereinstimmung mit dem im ersten Abschnitte gefundenen Werte ist mit Rücksicht auf die Verwendung des Rechenschiebers befriedigend.

Die Ermittlung der Momente und Querkräfte der geraden Stäbe geschieht genau wie früher. Für den geknickten Stab berechnen wir nach Gleichung (26)

$$X_1{}' = -\frac{1}{6 \cdot 14{,}61} \cdot 2{,}26 \cdot 98\,000 \cdot 2 = -5050$$

$$X_2{}' = 0; \quad X_3 = \frac{2 \cdot 98\,000}{6 \cdot 21{,}44} = +1520$$

und finden nun nach Gleichung (24) die Auflagerkräfte

$$M_{bf} = +22\,800 - 5050 \cdot 2{,}26 - 1520 = 9867$$
$$Q_{bf} = +14\,660$$
$$S_{bf} = 25\,400 - 5050 = +20\,350.$$

Die Beanspruchungen der einzelnen Querschnitte können nun durch Einzeichnung einer Stützlinie oder durch Berechnung gefunden werden.

Winddruck. Die Winddruckkräfte sind in der Fig. 14 angegeben. Im Hauptsysteme des geknickten Balkens ist nur der rechte Kragarm belastet.

Wir finden im Punkte e das Moment

$$\mathfrak{M}_e = -900 \cdot 2,0 = -1800$$

und im Punkte f

$$\mathfrak{M}_f = -1800 - 2480 \cdot 1,5 = -5520.$$

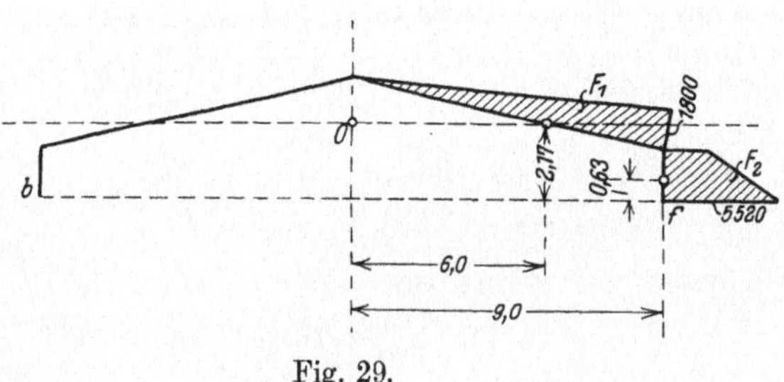

Fig. 29.

In Fig. 29 sind die Momente des Hauptsystems von der Balkenachse aus als Ordinate abgetragen. Die Flächeninhalte der Momenten-
flächen ergeben sich zu:

$$F_1 = -\frac{1}{2} \cdot 9,22 \cdot 1800 = -8298$$

$$F_2 = -\frac{1}{2} \cdot 1,5 \cdot 7320 = -5490.$$

Die Ordinaten und Abszissen der auf die Stabachse projizierten
Flächenschwerpunkte wurden ebenfalls in die Figur eingeschrieben.
Es ergibt sich

$$G = -8298 - 5490 = -13\,788$$
$$S_x = -F_1 \cdot 0,09 - F_2 \cdot 1,63$$
$$= 746,8 + 9003,6 = 9750,4$$
$$S_y = -F_1 \cdot 6,0 - F_2 \cdot 9,0$$
$$= 49\,788 + 49\,410 = 99\,198.$$

Die Überzähligen des gebogenen Stabes unter der Annahme vollständiger Einspannung werden hiernach:

$$X_1 = \frac{9750,4}{14,6} = 668 \text{ kg}$$

$$X_2 = \frac{99\,198}{740,88} = 134 \text{ kg}$$

$$X_3 = -\frac{13\,788}{21,44} = -643 \text{ kgm.}$$

Es ergeben sich somit die Auflagerkräfte:

$$M_{bf}^0 = 668 \cdot 2,26 - 134 \cdot 9 + 643 = 946,9$$

$$M_{fg}^0 = + 5520 - 668 \cdot 2,26 - 134 \cdot 9 - 643 = 2161,1$$

$$Q_{bf}^0 = Q_{fb}^0 = 0$$

$$S_{bf}^0 = 668; \quad S_{fb}^0 = -2480 + 668 = -1812.$$

Die Belastungsglieder der α-Gleichungen für Windbelastung erhalten die Werte:

$$N_b = -3 \cdot 946,9 = -2840,7$$

$$N_f = -3 \cdot 2161,1 = -6483,3.$$

Die Gleichungen selbst lauten:

$$0,716 \cdot \alpha_a' + 0,108 \cdot \alpha_b' = 0$$

$$0,108 \cdot \alpha_a' + 0,803 \cdot \alpha_b' - 0,1435 \cdot \alpha_f' = -2840,7$$

$$-0,1435 \cdot \alpha_b' + 0,803 \cdot \alpha_f' + 0,108 \cdot \alpha_g' = -6483,3$$

$$0,108 \cdot \alpha_f' + 0,716 \cdot \alpha_g' = 0$$

und liefern nach Auflösung die Werte:

$$\alpha_a' = + 796$$

$$\alpha_b' = -5290$$

$$\alpha_f' = -9210$$

$$\alpha_g' = + 1390.$$

Die Spannung des Zusatzstabes I muß nun berechnet werden:

Die Spannung P_1^0, hervorgerufen durch die als äußere Kräfte auf das Knotenpunktsystem angebrachten Kräfte Q^0 und S^0, die in g wirkende Winddruckkraft von 2700 kg und die in f wirkende Winddruckkraft von 1580, wird gleich der Summe sämtlicher wagerechten Kräfte, also

$$P_1^0 = 6760.$$

Die Spannung P_1' berechnet sich wie folgt:

Stab	p'	k	v	$p' \cdot k \cdot v$
o a	+ 796	0,25	0,25	50
o b	− 5290	0,167	0,167	− 148
o f	− 9210	0,167	0,167	− 256
o g	+ 1390	0,25	0,25	87
				$- \Sigma = 267$

Die Spannung P_1' ist demnach gleich 267, und wir haben

$$P_1 = 6760 + 267 = 7027 \, \text{kg}.$$

Die Verschiebung X_1 wird demnach

$$X_1 = -22,2 \cdot 7027 = -156\,000.$$

Im Abschnitt I Beispiel 2 fanden wir für die Verschiebung x_3 denselben Wert.

Die Übereinstimmung ist demnach sehr gut.

Die endgültigen α-Werte ergeben sich nun aus der folgenden Zusammenstellung:

Knoten	α'	$a_1 \cdot x_1$	α
a	796	− 38 844	− 38 850
b	− 5290	− 13 340	− 18 630
f	− 9210	− 13 340	− 22 550
g	+ 1390	− 38 844	− 37 450

Hieraus finden wir mittels (26) die durch die Widerlagerdrehungen erzeugten zusätzlichen Auflagerkräfte des geknickten Balkens, und die Berechnung vollzieht sich in gleicher Weise wie vorher.

Beispiel 2. Für das in Fig. 30 dargestellte System soll die durch eine gleichmäßig verteilte Belastung der ersten Öffnung erzeugte Beanspruchung ermittelt werden.

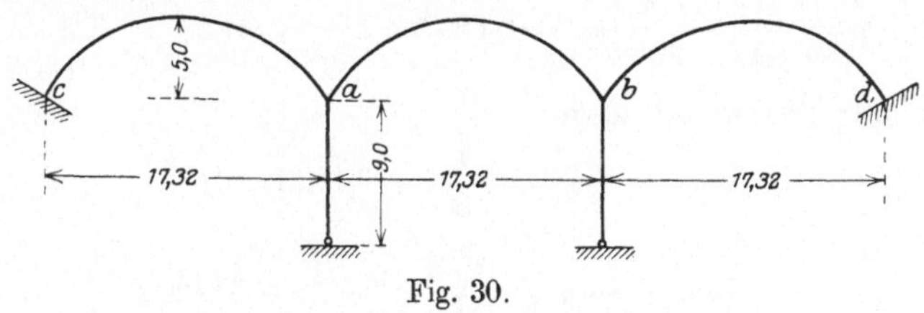

Fig. 30.

Das System besteht aus 3 aneinandergereihten Drittelkreisbogen mit je 17,32 m Spannweite und 5 m Pfeilhöhe. Die Endpunkte rechts und links sind in die Widerlager vollständig fest eingespannt, während in den Knoten a und b die Bögen und die 9,0 m hohen Pfeiler untereinander starr verbunden sind. Die Pfeiler sind unten gelenkartig aufgelagert. Das Trägheitsmoment des Scheitelquerschnitts wurde als I_0 gewählt, das mittlere Trägheitsmoment des Pfeilerquerschnitts ist gleich $4\,I_0$ anzunehmen.

In Fig. 31 ist das Knotenpunktsystem dargestellt. Wir haben:

Anzahl der Knoten k = 4, der Auflagerbedingungen u = 4, der geraden Stäbe s = 2, demnach die erforderliche Anzahl Zusatzstäbe gleich 2.

Fig. 31.

Die Zusatzstäbe I und II wurden so wie angegeben in Fig. 31 hinzugefügt.

Wir berechnen zunächst die Koeffizienten k, $\varkappa$, t_x und t_y.

Die Berechnung der Bogenkonstanten wird wie allgemein üblich ausgeführt und hier nicht wiedergegeben, vielmehr mögen diese Konstanten als bekannt vorausgesetzt werden, und zwar:

die Höhe z des Schwerpunktes der elastischen Bogengewichte über der Verbindungslinie der Widerlager, $z = 3{,}20$ m;

das Gesamtgewicht G der elastischen Bogengewichte, $G = 21{,}00$;

das Trägheitsmoment T_x dieser Gewichte in bezug auf die A-Achse, $T_x = 45{,}0$;

das Trägheitsmoment T_y in bezug auf die Y-Achse, $T_y = 600$.

Mit diesen Werten findet man:

$$\varkappa_{ab} = \frac{1}{2}\left[\frac{3{,}20^2}{45} + \frac{17{,}32^2}{4 \cdot 600} + \frac{1}{21}\right] = 0{,}2013$$

$$k_{ab} = \frac{1}{2}\left[-\frac{3{,}20^2}{45} + \frac{17{,}32^2}{4 \cdot 600} - \frac{1}{21}\right] = -0{,}0738$$

$$t_{x\,ab} = \frac{1}{2} \cdot \frac{3{,}20}{45} = 0{,}0356$$

$$t_{y\,ab} = \frac{1}{4} \cdot \frac{17{,}32^2}{600} = 0{,}1275\,.$$

Für die Pfeiler hat man

$$k'_{oa} = k'_{ob} = \frac{1}{9} = 0{,}1111$$

$$k_{oa} = k_{ob} = \frac{J_{oa}}{J_0} \cdot k'_{oa} = 0{,}4444\,.$$

Der $\varkappa$-Wert der Knoten a und b ergibt sich demnach zu:

$$\varkappa_a = \varkappa_b = \varkappa_{ab} + 1{,}5 \cdot k_{oa} = 0{,}8680\,.$$

Die α-Gleichungen lauten mit Beachtung, daß $\varkappa_a = \varkappa_b$:

$$\varkappa_a \cdot \alpha_a + k_{ab} \cdot \alpha_b = N_a$$
$$\varkappa_a \cdot \alpha_b + k_{ab} \cdot \alpha_a = N_b.$$

Ihre Lösung ergibt:

$$\alpha_a = \frac{1}{\varkappa_a{}^2 - k_{ab}^2}\left[\varkappa_a \cdot N_a - k_{ab} \cdot N_b\right]$$

$$\alpha_b = \frac{1}{\varkappa_a{}^2 - k_{ab}^2}\left[\varkappa_a \cdot N_b - k_{ab} \cdot N_a\right],$$

oder mit Einführung der soeben ermittelten Zahlenwerte:

$$\alpha_a = 1{,}1604 \cdot N_a + 0{,}099 \cdot N_b$$
$$\alpha_b = 0{,}099 \cdot N_a + 1{,}1604 \cdot N_b.$$

Entfernen wir nun den Zusatzstab I und führen die Verschiebung $x_1 = 1$ aus, finden wir die folgenden Verschiebungen und Drehungen:

$$v_{o\,a,\,1} = -\frac{1}{9} = -0{,}1111$$

$$\Delta_{a\,c,\,1} = -1; \quad \Delta_{a\,b,\,1} = +1,$$

während die Verschiebung $x_2 = 1$ liefert:

$$v_{o\,b,\,2} = +\frac{1}{9} = +0{,}1111$$

$$\Delta_{a\,b,\,2} = +1; \quad \Delta_{b\,d,\,2} = -1.$$

Wir erhalten demnach für die Verschiebung $x_1 = 1$ die Belastungsglieder

$$N_a = -1{,}5 \cdot 0{,}444 \cdot 0{,}111 + 0{,}0356 \cdot 1 + 0{,}0356 \cdot 1$$
$$= -0{,}0029$$
$$N_b = -0{,}0356 \cdot 1 = -0{,}0356.$$

Die Lösung der α-Gleichungen ergibt:

$$a_1 = -0{,}006\,89 \qquad b_1 = -0{,}041\,58$$

und analog

$$a_2 = +0{,}041\,58 \qquad b_2 = +0{,}006\,89.$$

Hiernach ist:

$$q_{c\,a,\,1} = -a_1 - \frac{\Delta_{a\,c,\,1}}{z} = 0{,}3195$$

$$q_{a\,b,\,1} = a_1 - b_1 - \frac{\Delta_{a\,b,\,1}}{z} = -0{,}2778$$

$$q_{b\,d,\,1} = b_1 = -0{,}04158$$

$$p_{o\,a,\,1} = \frac{1}{2}\,(a_1 - v_{o\,a,\,1}) = +0{,}0521$$

$$p_{o\,b,\,1} = \frac{1}{2} \cdot b_1 = -0{,}0208.$$

Die Kräfte P mit doppeltem Index berechnen sich dann wie folgt:

Stab	p_1	k	v_1	v_2	$p_1 \cdot k \cdot v_1$	$p_1 \cdot k \cdot v_2$
o a	0,0521	0,4444	$-0{,}1111$	0	$-0{,}002\,56$	0
o b	$-0{,}0208$	0,4444	0	$+0{,}1111$	0	$-0{,}001\,03$
					$-\varSigma = 0{,}002\,56$	0,001 03
Bogen	q_1	$\frac{1}{3}t_x$	$\varDelta_1$	$\varDelta_2$	$\frac{1}{3} \cdot t_x \cdot \varDelta_1$	$\frac{1}{3} \cdot t_x \cdot \varDelta_2$
c a	0,3195	0,0119	-1	0	$-0{,}003\,80$	0
a b	$-0{,}2778$	0,0119	$+1$	$+1$	$-0{,}003\,30$	$-0{,}0033$
c d	$-0{,}0416$	0,0119	0	-1	0	$+0{,}0005$
					$-\varSigma = 0{,}007\,10$	0,0028

Demnach

$$P_{1,1} = P_{2,2} = 0{,}002\,56 + 0{,}007\,10 = 0{,}009\,66$$
$$P_{1,2} = P_{2,1} = 0{,}001\,03 + 0{,}002\,80 = 0{,}003\,83\,.$$

Die Gleichungen zur Berechnung der Verschiebungen x_1 und x_2 lauten

$$P_1 + P_{1,1} \cdot x_1 + P_{1,2} \cdot x_2 = 0$$
$$P_2 + P_{1,2} \cdot x_1 + P_{1,1} \cdot x_2 = 0$$

oder nach x_1 und x_2 aufgelöst:

$$[P_{1,1}^2 - P_{1,2}^2] \cdot x_1 = -\,P_{1,1} \cdot P_1 + P_{1,2} \cdot P_2$$
$$[P_{1,1}^2 - P_{1,2}^2] \cdot x_2 = P_{1,2} \cdot P_1 - P_{1,1} \cdot P_2\,.$$

Ersetzen wir die P durch die soeben ermittelten Zahlenwerte, so wird erhalten:

$$x_1 = -\,123 \cdot P_1 + 48{,}7 \cdot P_2$$
$$x_2 = 48{,}7 \cdot P_1 - 123 \cdot P_2\,.$$

Eine gleichmäßig verteilte Belastung von 1000 kg/cm der ersten Öffnung möge ergeben:

$$M_{ca}^0 = -\,M_{ac}^0 = +\,1140\ \text{kg/m}$$
$$Q_{ca}^0 = -\,Q_{ac}^0 = 8660\ \text{kg}$$
$$S_{ca}^0 = +\,S_{ac}^0 = 7500\ \text{kg}\,.$$

Die Belastungsglieder der α-Gleichungen der Belastung lauten demnach:

$$N_a = 3 \cdot 1140 = 3420;\quad N_b = 0\,.$$

Die Lösung der α-Gleichungen ergibt

$$\alpha_a{}' = 1{,}1604 \cdot 3420 = 3967$$
$$\alpha_b{}' = 0{,}099 \cdot 3420 = 348\,.$$

Wir berechnen hieraus:

Stab	p'	k	v_1	v_2	$p' \cdot k \cdot v_1$	$p' \cdot k \cdot v_2$
o a	1988	0,4444	$-\,0{,}1111$	0	$-\,98{,}25$	0
o b	174	0,4444	0	$+\,0{,}1111$	0	8,6
				$-\,\Sigma =$	98,25	$-\,8{,}6$

Bogen	q'	$\dfrac{1}{3}\,t_x$	$\varDelta_1$	$\varDelta_2$	$\dfrac{1}{3}\,t_x \cdot \varDelta_1$	$\dfrac{1}{3} \cdot t_x \cdot \varDelta_2$
c a	$-\,3967$	0,0119	$-\,1$	0	47,20	—
a b	3619	0,0119	$+\,1$	$+\,1$	43,07	43,07
c d	348	0,0119	0	$-\,1$	—	$-\,4{,}14$
				$-\,\Sigma =$	$-\,90{,}27$	$-\,38{,}93$

Demnach

$$P_1' = 8{,}0; \quad P_2' = -47{,}5.$$

Ferner haben wir

$$P_1^0 = S_{ac}^0 = +7500; \quad P_2^0 = 0,$$

also

$$P_1 = 7508; \quad P_2 = -47{,}5.$$

Führen wir diese Werte in die oben abgeleiteten x-Gleichungen ein, so finden wir:

$$x_1 = -925\,500$$
$$x_2 = +371\,500.$$

Die endgültigen α-, u- und Δ-Werte ergeben sich hieraus zu:

$$\alpha_a = 3967 + 6378 + 15\,447 = 25\,792$$
$$\alpha_b = 348 + 38\,495 + 2560 = 41\,403$$
$$u_{oa} = 0{,}1111 \cdot 925\,800 = 102\,856$$
$$u_{ob} = 0{,}1111 \cdot 371\,500 = 41\,274$$
$$\Delta_{ca} = 925\,800$$
$$\Delta_{ab} = -925\,800 + 371\,500 = -554\,300$$
$$\Delta_{bd} = -371\,300.$$

Hiernach lassen sich mit Hilfe der Gleichungen (26) die infolge der Verschiebung erzeugten Bogenkräfte ermitteln.

Es ergibt sich für die erste Öffnung:

$$X_1' = \frac{1}{3} \cdot t_x \left(-\alpha_a - \frac{\Delta_{ac}}{z} \right) = -0{,}0119\,(25\,792 + 289\,313)$$
$$= -3750\ \text{kg}$$

$$X_2' = -\frac{1}{3} \cdot t_y \cdot k_{ca} \cdot \alpha_a = \frac{1}{3} \cdot 0{,}1275 \cdot \frac{1}{17{,}32} \cdot 25\,792 = -63\ \text{kg}$$

$$X_3' = \frac{1}{6\,G} \cdot \alpha_a = \frac{25\,792}{126} = 205\ \text{kg/m},$$

für die zweite Öffnung:

$$X_1' = \frac{1}{3} \cdot t_x \left(\alpha_a - \alpha_b - \frac{\Delta_{ab}}{z} \right) = 0{,}0119 \cdot 157\,610 = 1875\ \text{kg}$$

$$X_2' = -\frac{1}{3} \cdot t_y \cdot \frac{1}{l} \cdot (\alpha_a + \alpha_b) = \frac{1}{3} \cdot 0{,}1275 \cdot \frac{1}{17{,}32} \cdot 67\,195$$
$$= -165\ \text{kg}$$

$$X_3' = \frac{1}{6\,G}(-\alpha_a + \alpha_b) = +124,$$

und für die dritte Öffnung:

$$X_1' = \frac{1}{3} \cdot t_x \left(\alpha_b - \frac{\Delta_{bd}}{z} \right) = 0{,}0119 \cdot 157\,430 = 1875\ \text{kg}$$

$$X_2' = -\frac{1}{3} \cdot t_y \cdot \frac{1}{l} \cdot \alpha_b = \frac{1}{3} \cdot 0,1275 \cdot \frac{1}{17,32} \cdot 41\,403 = -101 \text{ kg}$$

$$X_3' = -\frac{1}{6\,G} \cdot \alpha_b = -329\,.$$

Die Auflagerkräfte der **3** Bögen sind hiermit bekannt.

Z. B. finden wir die Horizontalschübe

$$S_{ac} = S_{ca} = 7500 - 3750 = 3750$$
$$S_{ab} = S_{ba} = 1875$$
$$S_{ba} = S_{ab} = 1875\,.$$

Der Horizontalschub des belasteten Bogens wird in unserem Falle demnach gerade auf die Hälfte des bei vollständiger Einspannung gefundenen Wertes herabgesetzt, die Horizontalschübe der unbelasteten Bögen werden gleichgroß und gleich der Hälfte des Horizontalschubes des belasteten Bogens.

Für die wagerechten Komponenten der Pfeilerauflagerdrücke findet man:

$$Q_{oa} = -\frac{1}{2}(\alpha_a - u_{oa}) \cdot k_{oa} \cdot k'_{oa} = \frac{1}{2} \cdot 77\,064 \cdot 0,4444 \cdot 0,1111 = 1900\,\text{kg}$$

$$Q_{ob} = -\frac{1}{2}(\alpha_b - u_{ob}) \cdot k_{ob} \cdot k'_{ob} = +\frac{1}{2} \cdot 129 \cdot 0,4444 \cdot 0,1111 = 3\,\text{kg}.$$

Die genauen Werte (damit die Summe sämtlicher wagerechter Auflagerkräfte gleich Null werde) sind

$$Q_{oa} = 1875 \text{ kg}; \qquad Q_{ob} = 0\,.$$

Der Fehler in Q_{oa} beträgt 1,3 %.

Die senkrechten Pfeilerdrücke betragen

$$-S_{oa} = (-Q_{ac} + Q_{ab}) = 8660 + 63 - 165 = 8558$$
$$-S_{ob} = (-Q_{ba} + Q_{bd}) = +165 - 101 = 64\,.$$

Nachdem sämtliche Auflagerkräfte berechnet sind, findet man leicht die Beanspruchung beliebiger Querschnitte.

Daß der Horizontalschub hier gerade auf die Hälfte herabgesetzt wird, ist selbstredend eine zufällige Folge der gewählten Abmessungen des Systems und gilt nicht im allgemeinen.

Bei dünneren Pfeilern, als in unserem Beispiele vorausgesetzt, wird der Horizontalschub noch kleiner. Im Grenzfalle vollständig elastischer Pfeiler ($k_{oa} = k_{ob} = 0$ und demnach $Q_{oa} = Q_{ob} = 0$) werden die Horizontalschübe sämtlicher Bögen gleichgroß und gleich einem Drittel des Schubes bei vollständiger Einspannung.

Anhang.

Tabellen zur Berechnung der Einspannmomente und Auflagerdrücke eines beiderseitig eingespannten Balkens.

Erläuterung zum Gebrauch der Tabellen.

Tabelle 1. Schreibt man die Einspannmomente und Auflagerdrücke eines beiderseitig eingespannten Balkens ab, hervorgerufen durch eine Einzellast P, auf die Form:

$$M_{ab}^0 = m_{ab} \cdot P \cdot l$$

$$M_{ba}^0 = m_{ba} \cdot P \cdot l$$

$$Q_{ab}^0 = q_{ab} \cdot P$$

$$Q_{ba}^0 = q_{ba} \cdot P,$$

wo l die Spannweite bedeutet, so liefert die Tabelle 1 die Werte m_{ab}, m_{ba}, q_{ab} und q_{ba} für alle Hundertstel-Punkte der Balkenachse.

Ist z. B. P = 2000 kg, l = 8,0 m und steht die Kraft in $0{,}25 \cdot l$ vom Auflager a, so hat man

$$M_{ab}^0 = -\,0{,}1406 \cdot 2000 \cdot 8 = -\,2249{,}6$$

$$M_{ba}^0 = 0{,}0469 \cdot 2000 \cdot 8 = 750{,}4$$

$$Q_{ab}^0 = 0{,}8438 \cdot 2000 = 1687{,}6$$

$$Q_{ba}^0 = -\,0{,}1562 \cdot 2000 = -\,312{,}4.$$

Tabelle 2. Schreibt man die Einspannmomente und Auflagerdrücke eines beiderseitig eingespannten Balkens ab, hervorgerufen durch eine gleichmäßig verteilte Streckenlast von p kg/m, welche vom Auflager a auf den Balken einrückt, in der Form

$$M_{ab}^0 = m_{ab} \cdot p \cdot l^2$$

$$M_{ba}^0 = m_{ba} \cdot p \cdot l^2$$

$$Q_{ab}^0 = q_{ab} \cdot p \cdot l$$

$$Q_{ba}^0 = q_{ba} \cdot p \cdot l,$$

82 Berechnung der Einspannmomente und Auflagerdrücke eines Balkens.

so liefert die Tabelle 2 die Werte der Größen m_{ab}, m_{ba}, q_{ab} und q_{ba} für Streckenlasten, welche den Balken vom Auflager a bis an die Zehntel-Punkte der Balkenachse bedecken.

Ist z. B. l = 8,0 m, p = 600 kg/m und bedeckt die Streckenlast den Balken vom Punkte $0,25 \cdot l$ bis $0,77 \cdot l$, findet man mit Hilfe der Tabelle durch Interpolation:

$$M_{ab}^{0} = - [0,0796 - 0,0220] \cdot 600 \cdot 8^2 = - 2212 \text{ kg/m}$$

$$M_{ba}^{0} = + [0,0641 - 0,0047] \cdot 600 \cdot 8^2 = 2271 \text{ kg/m}$$

$$Q_{ab}^{0} = + [0,4880 - 0,2298] \cdot 600 \cdot 8 = 1239 \text{ kg}$$

$$Q_{ba}^{0} = - [0,2750 - 0,0151] \cdot 600 \cdot 8 = 1246 \text{ kg}.$$

Tabelle 3. Die Tabelle 3 liefert den nach Tabelle 1 und 2 ermittelten Einfluß häufig vorkommender Arten von Belastung auf die Momente und Kräfte am Auflager eines eingespannten Balkens.

Tabelle 1.

↓	$-m_{ab}$	$+m_{ba}$	$+q_{ba}$	$-q_{ba}$		↓	$-m_{ab}$	$+m_{ba}$	$+q_{ab}$	$-q_{ba}$	
0	0	0	1,0000	0	1,00	0,25	0,1406	0,0469	0,8438	0,1562	0,75
0,01	0,0098	0,0001	0,9997	0,0003	0,99	0,26	0,1424	0,0500	0,8324	0,1676	0,74
0,02	0,0192	0,0004	0,9988	0,0012	0,98	0,27	0,1439	0,0532	0,8207	0,1793	0,73
0,03	0,0282	0,0009	0,9974	0,0026	0,97	0,28	0,1452	0,0564	0,8087	0,1913	0,72
0,04	0,0369	0,0015	0,9953	0,0047	0,96	0,29	0,1462	0,0597	0,7965	0,2035	0,71
0,05	0,0451	0,0024	0,9928	0,0072	0,95	0,30	0,1470	0,0630	0,7840	0,2160	0,70
0,06	0,0530	0,0034	0,9896	0,0104	0,94	0,31	0,1476	0,0663	0,7713	0,2287	0,69
0,07	0,0605	0,0046	0,9860	0,0140	0,93	0,32	0,1480	0,0696	0,7583	0,2417	0,68
0,08	0,0677	0,0059	0,9818	0,0182	0,92	0,33	0,1481	0,0729	0,7452	0,2548	0,67
0,09	0,0745	0,0074	0,9772	0,0228	0,91	0,34	0,1481	0,0763	0,7318	0,2682	0,66
0,10	0,0810	0,0090	0,9720	0,0280	0,90	0,35	0,1479	0,0796	0,7183	0,2817	0,65
0,11	0,0871	0,0108	0,9664	0,0336	0,89	0,36	0,1475	0,0829	0,7045	0,2955	0,64
0,12	0,0929	0,0127	0,9603	0,0397	0,88	0,37	0,1469	0,0862	0,6906	0,3094	0,63
0,13	0,0984	0,0147	0,9537	0,0463	0,87	0,38	0,1461	0,0895	0,6765	0,3235	0,62
0,14	0,1035	0,0169	0,9467	0,0533	0,86	0,39	0,1451	0,0928	0,6623	0,3377	0,61
0,15	0,1084	0,0191	0,9393	0,0607	0,85	0,40	0,1440	0,0960	0,6480	0,3520	0,60
0,16	0,1129	0,0215	0,9314	0,0688	0,84	0,41	0,1427	0,0992	0,6335	0,3665	0,59
0,17	0,1171	0,0240	0,9231	0,0769	0,83	0,42	0,1413	0,1023	0,6190	0,3810	0,58
0,18	0,1210	0,0266	0,9145	0,0855	0,82	0,43	0,1397	0,1054	0,6043	0,3957	0,57
0,19	0,1247	0,0292	0,9054	0,0946	0,81	0,44	0,1380	0,1084	0,5896	0,4104	0,56
0,20	0,1280	0,0320	0,8960	0,1040	0,80	0,45	0,1361	0,1114	0,5748	0,4252	0,55
0,21	0,1311	0,0348	0,8862	0,1138	0,79	0,46	0,1341	0,1143	0,5599	0,4401	0,54
0,22	0,1338	0,0378	0,8761	0,1239	0,78	0,47	0,1320	0,1171	0,5449	0,4551	0,53
0,23	0,1364	0,0407	0,8656	0,1344	0,77	0,48	0,1298	0,1198	0,5300	0,4700	0,52
0,24	0,1386	0,0438	0,8548	0,1452	0,76	0,49	0,1274	0,1225	0,5150	0,4850	0,51
0,25	0,1406	0,0469	0,8438	0,1562	0,75	0,50	0,1250	0,1250	0,5000	0,5000	0,50
$+m_{ba}$	$-m_{ab}$	$-q_{ba}$	$+q_{ab}$	↑			$+m_{ba}$	$-m_{ab}$	$-q_{ba}$	$+q_{ab}$	↑

Tabelle 2.

Belastung von a	$-m_{ab}$		$+m_{ba}$		$+q_{ab}$		$-q_{ba}$	
bis 0	0		0		0		0	
		43		3		990		10
0,1	0,0043		0,0003		0,0990		0,0010	
		107		20		937		63
0,2	0,0150		0,0023		0,1927		0,0073	
		140		47		843		157
0,3	0,0290		0,0070		0,2770		0,0230	
		147		79		718		282
0,4	0,0437		0,0149		0,3488		0,0512	
		136		111		575		425
0,5	0,0573		0,0260		0,4063		0,0937	
		111		136		425		575
0,6	0,0684		0,0396		0,4488		0,1512	
		79		147		282		718
0,7	0,0763		0,0543		0,4770		0,2230	
		47		140		157		843
0,8	0,0810		0,0683		0,4927		0,3073	
		20		107		63		937
0,9	0,0830		0,0790		0,4990		0,4010	
		3		43		10		990
1,0	0,0833		0,0833		0,5000		0,5000	

Tabelle 3.

Art der Belastung	$M^0_{ab} = -$ $M^0_{ba} = +$	$Q^0_{ab} = +$ $Q^0_{ba} = -$
Gleichmäßig verteilt p pro m	$\dfrac{1}{12} \cdot p \cdot l^2$	$\dfrac{1}{2} \cdot p \cdot l$
Eine Einzellast P in der Mitte	$\dfrac{1}{8} \cdot P \cdot l$	$\dfrac{1}{2} \cdot P$
Zwei Einzellasten P in gleichen Abständen	$\dfrac{2}{9} \cdot P \cdot l$	P
Drei Einzellasten P in gleichen Abständen	$\dfrac{5}{16} \cdot P \cdot l$	$\dfrac{3}{2} \cdot P$
Vier Einzellasten P in gleichen Abständen	$\dfrac{2}{5} \cdot P \cdot l$	$2 \cdot P$